Klett

10-Minuten-Training

Mathematik

Dreisatz

6./7. Klasse

Kleine Lernportionen für jeden Tag

Heike Homrighausen
Cornelia Sanzenbacher
Hartmut Wellstein

Klett Lerntraining

Autoren
Heike Homrighausen
Kapitel 1: Tipp S. 6, 8, 16; Aufgaben 4, 5, 7, 12, 13
Kapitel 2: Tipp S. 26, 27, 34, 35; Aufgaben 2, 5, 9, 15, 20, 21, 29, 38, 39, 40, 41
Kapitel 3: Aufgaben 10, 11, 12, 13, 14

Cornelia Sanzenbacher
Kapitel 1: Tipp S. 20; Aufgaben 6, 8, 11, 14, 15, 16, 22, 23, 24, 25, 31, 32, 33, 34
Kapitel 2: Aufgaben 10, 11, 12, 13, 17, 18, 19, 22, 23, 24, 25, 26, 28, 30, 31, 32, 33, 34, 35, 36, 37

Hartmut Wellstein
Kapitel 1: Aufgaben 3, 9, 17, 18, 19, 20, 21, 26, 27, 29, 30, 35
Kapitel 2: Aufgaben 4, 9, 16

Bibliografische Information der Deutschen Nationalbibliothek
Die Deutsche Nationalbibliothek verzeichnet diese Publikation in der Deutschen Nationalbibliografie; detaillierte bibliografische Daten sind im Internet über https://dnb.dnb.de abrufbar.

6. Auflage 2025

www.klett-lerntraining.de

Umschlagfoto: Getty Images, München: **U1** (SBryson); **U1/U4** (Spauln)
Satz und grafische Zeichnungen: DTP-studio Andrea Eckhardt, Göppingen
Druck: Plump Druck & Medien GmbH, Rheinbreitbach
Printed in Germany
ISBN 978-3-12-927583-2

Inhaltsverzeichnis

Vorwort

Hallo!

Wie ist das bei dir? Du musst Aufgaben mit dem Dreisatz lösen und weißt einfach nicht wie. Und du weißt gar nicht, wie du das üben sollst?

Keine Sorge: Du kannst das Lösen von Aufgaben mit dem Dreisatz in diesem Heft super üben!

Unser Tipp: Lerne nicht alles an einem Tag. Übe lieber jeden Tag **10 Minuten**! Das geht superschnell und du übst trotzdem intensiver als sonst.

1 In diesem Heft findest du viele Übungen, mit denen du die Anwendung des Dreisatzes zum Lösen von Aufgaben trainieren kannst.

Die kleine Stoppuhr erinnert dich daran: besser kleine Lernportionen!

Tipp Hier bekommst du wichtige Tipps zu den Übungen.

★☆ Leichtere Übungen haben einen Stern ★☆ und etwas schwerere Übungen haben zwei Sterne ★★. Beginne am besten mit den leichteren!

Hinten im Buch findest du die Lösungen zu den Übungen.

Wir wünschen dir viel Erfolg!

Deine Klett Lerntraining Redaktion

1 Abhängigkeiten von Größen beschreiben und darstellen

Abhängigkeiten beschreiben

Tipp

In vielen Alltagssituationen findest du Zusammenhänge zwischen Größen wie z.B. die Zuordnungen Gewicht → Preis bei Obst, Strecke → Geschwindigkeit beim Rennsport oder Tag → Temperatur beim Wetter.
Solche Zuordnungen lassen sich in Schaubildern (Graphen) darstellen.
Wenn einer Größe eine andere Größe zugeordnet ist, so kann man diese Abhängigkeit in einer Tabelle beschreiben und in einem Koordinatensystem veranschaulichen.

So liest du Schaubilder von Zuordnungen (Graphen)

1. Die Beschriftung der Achsen sagt dir, worum es geht. Der Größe der Rechtsachse (x-Achse) wird die Größe der Hochachse (y-Achse) zugeordnet.
2. Jeder Punkt des Schaubildes besteht aus zwei zusammengehörenden Werten, dem sogenannten Wertepaar.

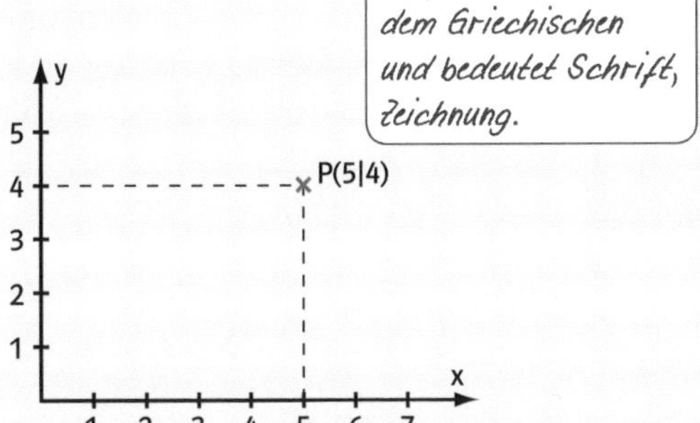

Oft sind bei der Beschreibung von Schaubildern nicht einzelne Wertepaare interessant, sondern es soll der Gesamtverlauf beschrieben werden. Damit du dir folgendes Vokabular gut einprägen kannst, kannst du dir einen Graphen wie eine Strecke vorstellen, die du ablaufen musst.

So kannst du den Gesamtverlauf eines Schaubildes beschreiben

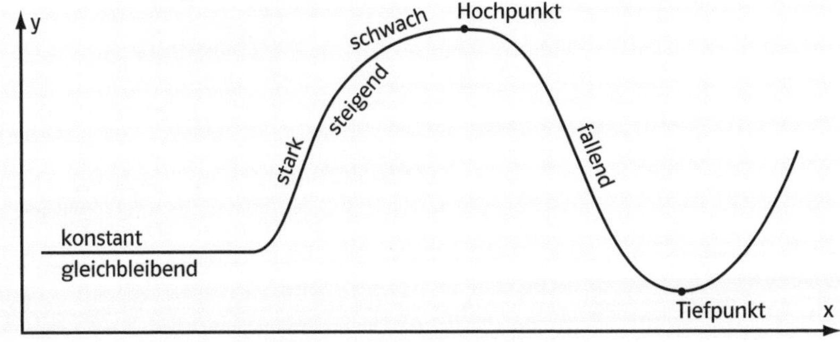

1 ★☆

Der 10 l-Eimer einer Wandfarbe kostet rund 30 €, der 2,5 l-Eimer rund 10 €. Kleinere Mengen werden nicht verkauft.
Im Schaubild sind die Kosten bis zu einer Menge von 15 l dargestellt.

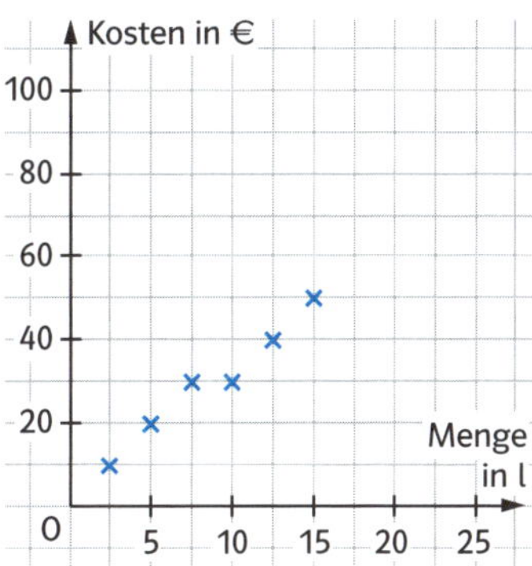

a) Zeichne ein Schaubild, das bis zu einer Menge von 60 l reicht.

b) Die 6. Klassen wollen ihre Klassenzimmer verschönern. Die 6a braucht 45 l Farbe, die 6b 50 l, die 6c 51 l, die 6d 37 l. Lies an deinem Schaubild ab, was diese Mengen kosten.

Klasse 6a: ______________ Klasse 6b: ______________

Klasse 6c: ______________ Klasse 6d: ______________

Die Klasse 6d kommt ins Nachdenken. Beschreibe warum.

____

2 ★☆

Übertrage die Temperaturangaben aus dem Punktdiagramm in die Tabelle.

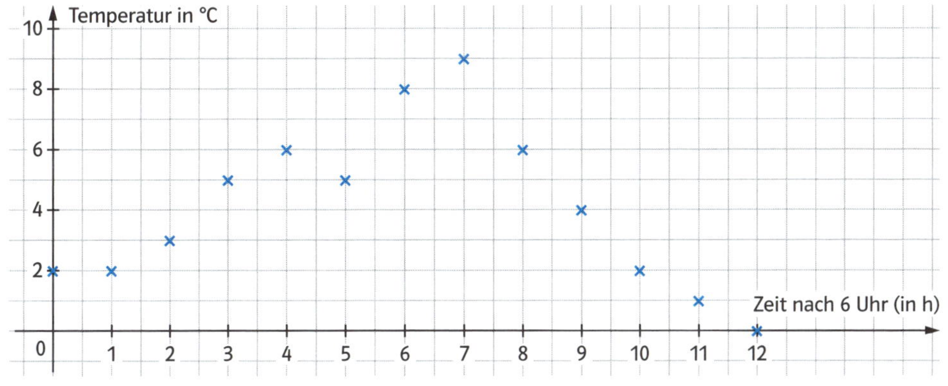

Zeit nach 6 Uhr (in h)	0	1											
Temperatur in °C													

Tipp

Zuordnungen stellen einen Zusammenhang zwischen zwei Größen her, z. B. zwischen Länge, Gewicht, Zeit oder Geld.
Manchmal gibt es Text-(Aufgaben) in denen gar keine Werte gegeben sind, du aber anhand des Textes ein Schaubild zeichnen sollst. Dann musst du versuchen, mit den Begriffen aus dem Text die Abhängigkeiten darzustellen.

Beispiel für eine Textaufgabe:
Lea beschreibt ihre 8-tägige Radtour so: „Die ersten zwei Tage kamen wir immer schneller voran. Dann haben wir uns verfahren und mussten ein kleines Stück zurück. Ab dem vierten Tag wurden wir immer langsamer, bis wir am 5. Tag eine Pause einlegten. Von da an fuhren wir den Rest der Strecke gleichmäßig, bis wir unser Ziel erreichten."

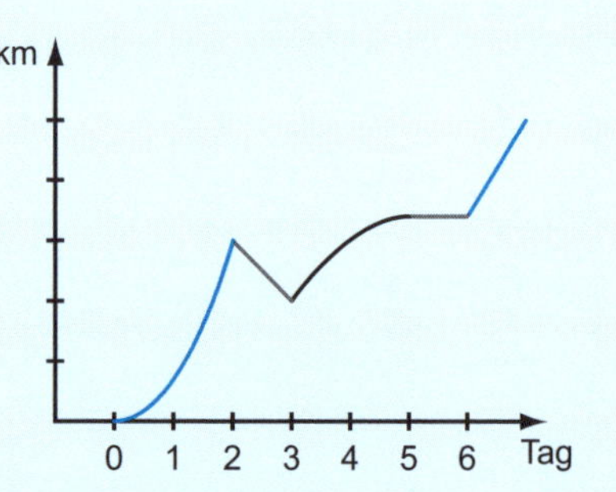

3 ★☆ **Im Schaubild siehst du, wie die Radtour der Klasse 6b verlaufen ist. Du erkennst, wann die Gruppe gerastet hat.**
Jedem Zeitpunkt als Eingabegröße ist die Fahrstrecke als Ausgabegröße zugeordnet.

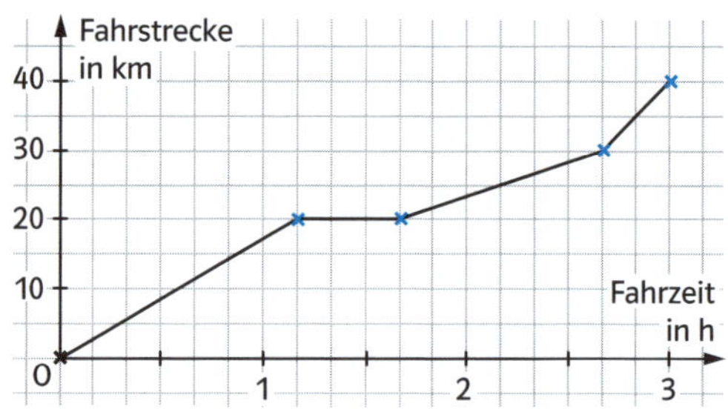

a) Schreibe an die Punkte von links nach rechts S (für Start), A, B, C und Z (für Ziel).

b) Ergänze die Lücken im Text.

Vom Punkt ______ bis zum Punkt ______ fuhr die Gruppe langsam, von ______ bis ______ fuhr sie schnell, von ______ bis ______ fuhr sie mit mittlerer Geschwindigkeit.

Von S bis A waren es ______ km.

Dafür brauchte die Gruppe ______ min = ______ h ______ min.

Die Rast dauerte ______ min = ______ h lang.

Tipp

Sechs Teilstriche geben eine Stunde. Pro Teilstrich sind es also … Minuten.

c) Kreuze die richtige Aussage an.
Auf der Teilstrecke von B nach C fuhr die Gruppe langsamer als von C nach Z. ja ☐ nein ☐
Begründe deine Antwort.

____

d) Hat die Gruppe nach der halben Zeit die halbe Strecke zurückgelegt? ja ☐ nein ☐
Die Gruppe hat nach einem Drittel der Zeit

☐ genau ein Drittel ☐ weniger als ein Drittel ☐ mehr als ein Drittel

der Strecke zurückgelegt.

4 ★☆ **Dieses Schaubild zeigt die Geschwindigkeit eines Rennwagens während einer Runde auf einer ebenen Rennstrecke.**

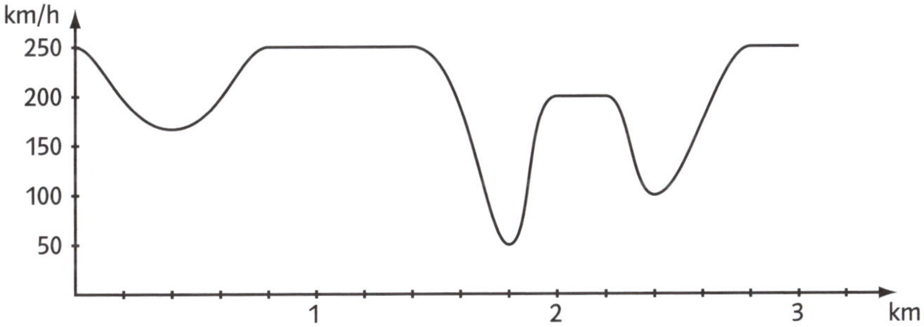

km/h
250
200
150
100
50
1
2
3
km

a) Gib die Länge der Rennstrecke an. ________________

b) Gib an, wo die geringste Geschwindigkeit gemessen wurde. ________________

c) Beschreibe, was du über die Geschwindigkeit des Rennwagens zwischen 2,2 km und 2,4 km sagen kannst.

____

d) Gib an, zwischen welchen Kilometerangaben sich der längste geradlinige Streckenabschnitt befindet.

____

e) Skizziere den Rundkurs.

5 ★★ **Die folgende Fieberkurve ist typisch für eine Salmonellenerkrankung.**

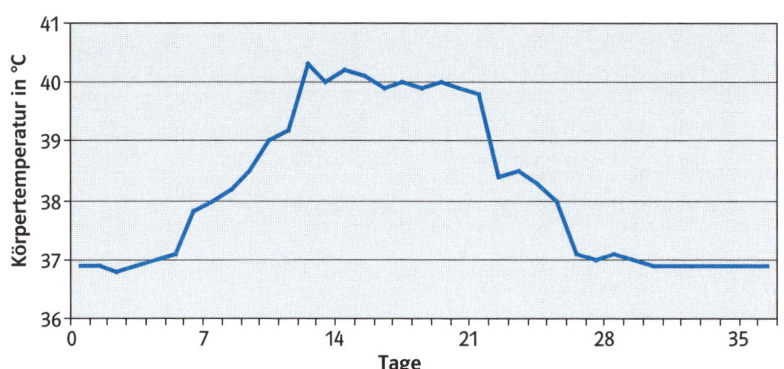

Beschreibe den Verlauf der Erkrankung. Achte auf konstante Temperatur und markante Temperaturanstiege und -senkungen.

---

6 ★☆ **Im Schaubild werden die Durchschnittstemperaturen eines Jahres in Deutschland veranschaulicht.**

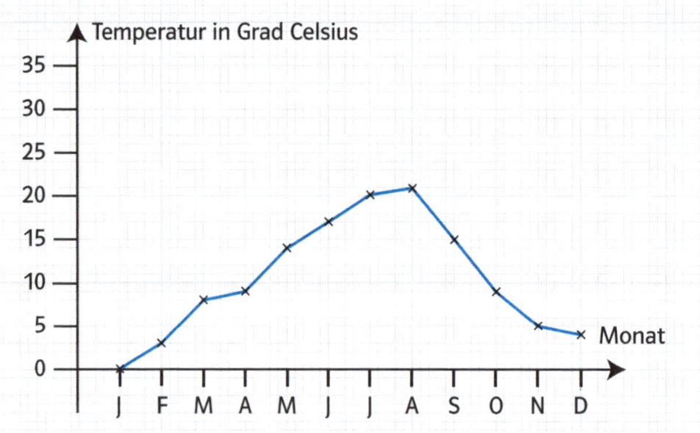

a) Lies die durchschnittliche Temperatur im März, Juli und Dezember ab.

---

b) Welcher Monat ist der kälteste? Welcher der wärmste?

7 ★★ **Im Schaubild ist der Temperaturverlauf in Rom dargestellt.**

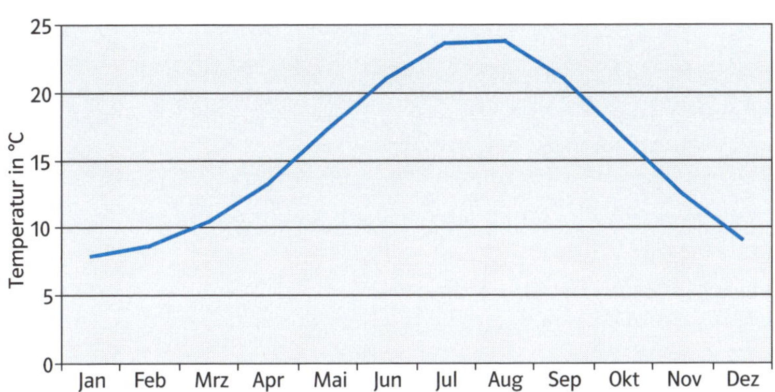

a) Beschreibe den Temperaturverlauf.

b) Berechne die durchschnittliche Jahrestemperatur von Rom.

8 ★★ **Was könnte in diesem Schaubild dargestellt werden? Schreibe als Reporter einen kleinen Sportbericht über ein Rennen von Max und Tim.**

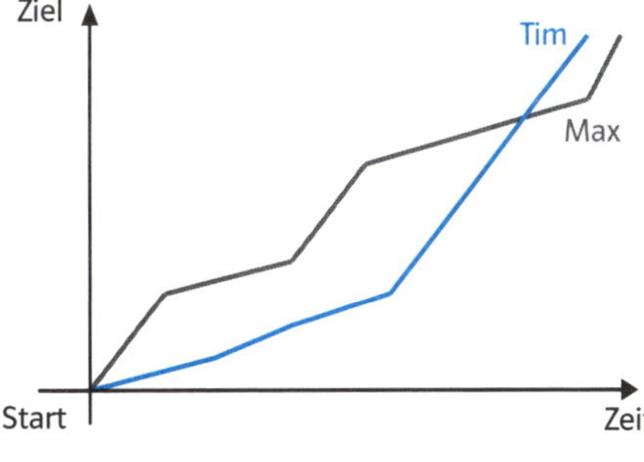

9 ★★ **Trage in das Schaubild unten fünf verschiedene Radtouren vom Start bis zum Ziel in unterschiedlichen Farben ein.**

Die Radtouren können verschieden verlaufen. Sie werden durch Streckenzüge dargestellt, die nur in den markierten Punkten A; B; C; D abknicken dürfen. Aber nicht jeder Streckenzug muss durch alle diese Punkte gehen!

Radtouren:

schwarz: Fahrt mit zweimaligem Rasten
blau: Fahrt mit einer einzigen Rast, die lang dauert
rot: Fahrt, die erst schnell, dann langsam und dann wieder schnell geht
grün: Fahrt, die erst langsam, dann schnell und dann wieder langsam geht
gelb: Fahrt mit gleichmäßiger Geschwindigkeit

Die Linien liegen zum Teil übereinander. Du kannst sie etwas nebeneinander liegend zeichnen.

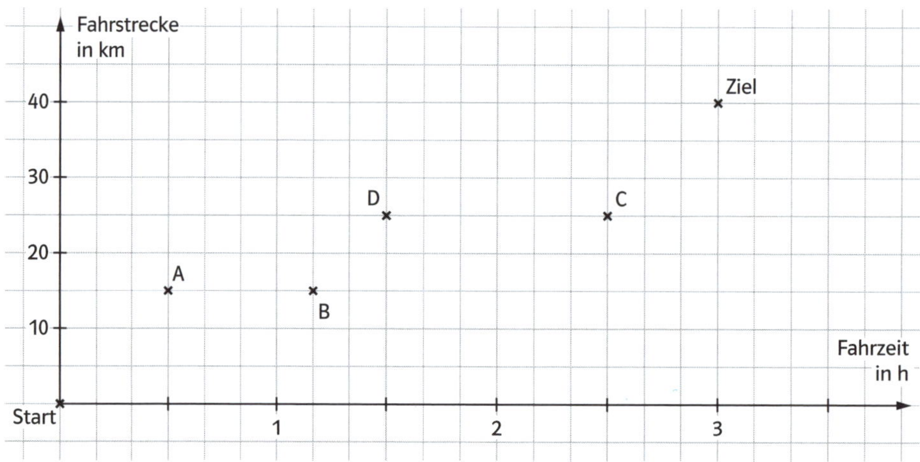

Abhängigkeiten darstellen

Tipp

Wenn eine Größe von einer anderen Größe abhängt, so kann man diese Abhängigkeit in einer Tabelle beschreiben und durch ein Punktdiagramm in einem Koordinatensystem veranschaulichen.
Dabei wird ein Wert der ersten Größe als x-Koordinate eines Punktes, der zugehörige Wert der zweiten Größe als y-Koordinate des Punktes verwendet.

Beispiel:
Belgische Pralinen gibt es in verschiedenen Packungsgrößen zu kaufen.
In der Tabelle wird der Preis einer Packung in Abhängigkeit von der Anzahl der Pralinen in der Packung beschrieben.

Anzahl Pralinen	1	2	3	4	5	6
Preis in €	1,50	3,00	4,50	5,50	6,50	7,00

Das Punktdiagramm veranschaulicht den Zusammenhang:

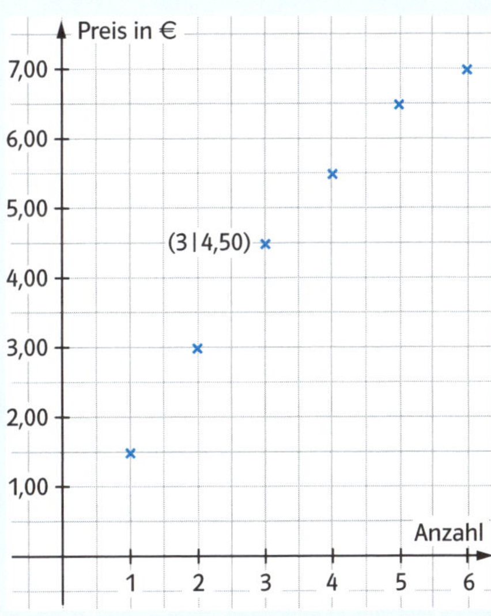

10 ★☆ **In der Tabelle ist die durchschnittliche Niederschlagsmenge in einer süddeutschen Stadt im Verlauf eines Jahres (beginnend mit dem Monat Januar) beschrieben. Erstelle ein Punktdiagramm.**

Monat	1	2	3	4	5	6	7	8	9	10	11	12
Niederschlag in mm	44	41	41	55	74	93	88	78	63	56	56	54

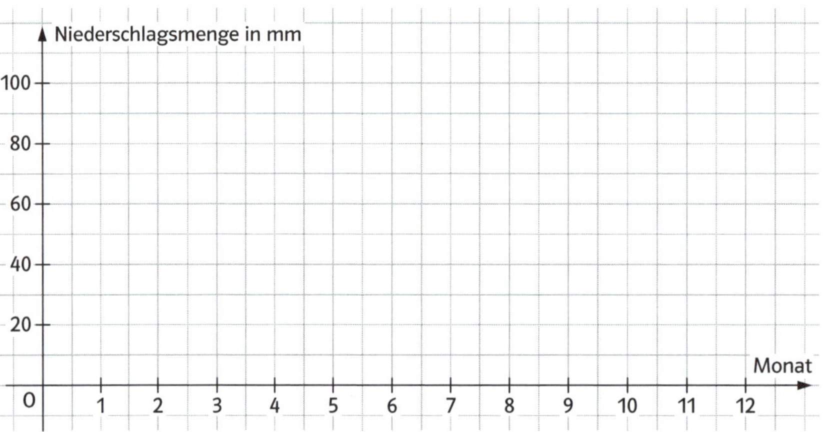

11 ★☆ **Claras Ausgaben sind Ursache für einen Familienstreit. Nun muss sie ihre Ausgaben für den Rest des Jahres auflisten.**

Claras Ausgaben:

Mai	Juni	Juli	August	Sept.	Okt.	Nov.	Dez.
17,34 €	26,70 €	20,06 €	45,91 €	38,19 €	10,16 €	25,80 €	27,42 €

a) Erstelle ein Schaubild.
b) Lies ab, in welchem Monat Clara am meisten ausgegeben hat.
c) Gib an, wann sie am wenigsten ausgegeben hat.
d) Wann haben ihre Eltern wohl wieder mit ihr gestritten?

In der Tabelle siehst du die monatlichen Durchschnittstemperaturen von Sydney, Australien.

a) Trage die Temperaturen in ein Schaubild ein. Wähle dafür eine geeignete Achseneinteilung.
b) Berechne die durchschnittliche Jahrestemperatur und zeichne sie als farbige Gerade in das Schaubild ein.

Monat	Temperatur in °C	Monat	Temperatur in °C
Januar	22,8	Juli	12,0
Februar	22,8	August	13,2
März	21,5	September	15,4
April	18,6	Oktober	17,9
Mai	15,9	November	19,8
Juni	12,9	Dezember	22,1

Eine Firma beschreibt den Jahresabsatz ihre Produkte folgendermaßen:

„In den ersten drei Monaten nahm die Zahl der verkauften Produkte stetig zu. Von April bis Juni ging der Absatz leicht zurück. In den Sommermonaten nahm der Absatz erstaunlicherweise immer schneller zu, bis er im September seinen Höhepunkt erreichte. In den letzten drei Monaten nahm der Absatz dann wieder gleichmäßig ab."

Stelle den Verlauf des Absatzes in einem Schaubild zeichnerisch dar.

Proportionale Zuordnungen

Tipp

In der Mathematik ist eine Proportion ein Verhältnis, das durch einen Bruch ausgedrückt werden kann.
Bei einer proportionalen Zuordnung ist das Verhältnis immer gleich.

Für viele Zuordnungen gilt eine einfache Regel:
Zum Zweifachen, Dreifachen, … der Eingabegröße gehört das Zweifache, Dreifache, … der Ausgabegröße.
Solche Zuordnungen heißen proportional.

Zwei Größen sind zueinander proportional, wenn gilt:

1. Nimmt die erste Größe zu, dann nimmt auch die zugeordnete Größe zu, kurz wenn gilt: Je mehr … desto mehr …
2. Zum Doppelten, Dreifachen, Vierfachen, … der ersten Größe gehört das Doppelte, Dreifache, Vierfache, … der zugeordneten Größe.

Beispiel:
Lara will Waffeln backen und wiegt Mehl ab.

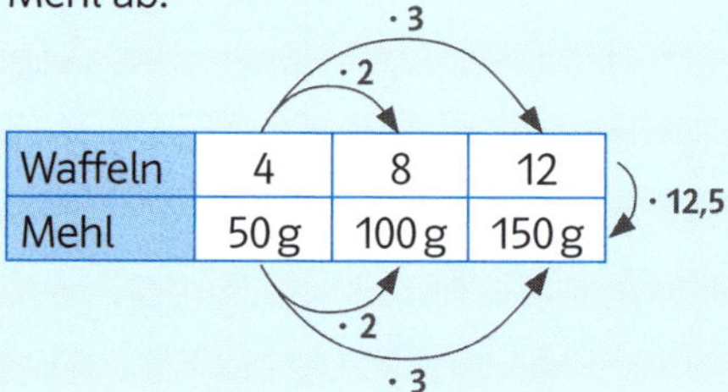

Waffeln	4	8	12
Mehl	50 g	100 g	150 g

Bei einer proportionalen Zuordnung reicht es, wenn ein Wertepaar gegeben ist. Die anderen Werte kannst du dann berechnen.
Die Menge des Mehls und die Anzahl der Waffeln sind proportional zueinander.
Für das entsprechende Verhältnis kannst du auch den Bruch $\frac{\text{Menge Mehl in g}}{\text{Anzahl der Waffeln}}$ aufschreiben. Diesen Bruch nennt man auch Proportionalitätsfaktor.

Dann gilt beispielsweise

$$\frac{\text{Menge Mehl in g}}{\text{Anzahl der Waffeln}} = \frac{2 \cdot \text{Menge Mehl in g}}{2 \cdot \text{Anzahl der Waffeln}} = \frac{\frac{1}{2} \cdot \text{Menge Mehl in g}}{\frac{1}{2} \cdot \text{Anzahl der Waffeln}}.$$

14 ★☆ **Kreuze alle proportionalen Zuordnungen an.**

1. Größe	zugeordnete 2. Größe	
Anzahl von Nachhilfestunden	Preis	☐
Anzahl der Goldfische	Menge an Litern Wasser	☐
Menge der Kuchen	Backzeit im Ofen	☐
Besucher eines Stadions	Anzahl der Sitz- oder Stehplätze	☐
Zahl von Baggern	Dauer eines Beckenaushubs	☐
Anzahl von Katzen	Reichdauer einer Futterdose	☐
Äpfel	Gruppe von hungrigen Schülern	☐

15 ★☆ **Welche der folgenden Zuordnungen sind proportionale Zuordnungen? Kreuze an.**

a) ☐ Zum Schneeräumen braucht eine Person 4 Stunden; zwei Personen brauchen 2 Stunden.

b) ☐ Ein Meter Stoff kostet 13 €; zwei Meter kosten 26 €.

c) ☐ Durchschnittlicher Benzinverbrauch 10 l pro 100 km; 20 l pro 200 km.

d) ☐ Bei einer Geschwindigkeit von 80 km/h braucht Herr Brand eine Stunde für den Weg zur Arbeit. Wegen Bauarbeiten kann er im Durchschnitt nur noch 40 km/h fahren und braucht nun zwei Stunden.

16 ★★ **Bei dieser Aufgabe sollst du jedes Mal den Quotienten aus *Gewicht : Menge der Hönigtöpfe* bilden. Was stellst du fest? Beschreibe.**

Menge der Honigtöpfe	1	7	12	40
Gewicht	0,375 kg	2,625 kg	4,500 kg	15,000 kg
Proportionalitätsfaktor				

17 ★☆ **Trage die fehlenden Werte der proportionalen Zuordnung ein.**

Tipp
Addieren von Spalte zu Spalte kann vorteilhaft sein!

a)

0,7 l-Flaschen Saft	1	2	3	4	5	6	7
Preis in €	1,20						

b)

Becher Joghurt	1	2	3	4	5	6
Preis in €	0,35					

c)

Beutel Äpfel	1	2	3	4	5	10
Preis in €	2,30					

d)

Stück Butter	1	2	3	4	5	8
Preis in €	1,10					

18 ★☆ **Trage die fehlenden Werte der proportionalen Zuordnung ein.**

a)

Schulheft	1	4	10	6	8	5	12
Preis in €	1,10						

b)

Kugelschreiber	1	3	4	7	8	9
Preis in €	4,50					

c)

Buntstift	2	4	8	6	12	16
Preis in €	3,60					

Tipp
Hier sind einige Werte der Eingabegröße übersprungen. Überlege, durch welche Multiplikationen man von der ersten Spalte aus weiter kommt.

19 ★☆ **Berechne die Werte der proportionalen Zuordnung.**

Stockwerke	3	1	2	5
Höhe des Hauses (ohne Dach) in m	8,40			

Anzahl der Stufen	15	30	5	20
Treppenhöhe in m	2,70			

Anzahl der Stufen	15	30	75
Treppenhöhe in m		6,00	

Wohnfläche in m^2	60	80	100	120
Miete in €	480			

Wohnfläche in m^2	50	75	100
Miete in €			700

20 ★☆ **Bei gleichmäßiger Geschwindigkeit ist der Zusammenhang zwischen Fahrzeit und Fahrstrecke eine proportionale Zuordnung.**

a) Trage die fehlenden Werte in die Tabelle ein und berechne die Quotienten in der dritten Zeile.

Fahrzeit in min	20		60	10			45	1
Fahrstrecke in km	5	20			7,5	22,5		
$\frac{\text{Fahrstrecke in km}}{\text{Fahrzeit in min}}$								

b) Berechne mit diesem Quotienten noch diese Fahrstrecken.

Fahrzeit in min	14	25	35
Fahrstrecke in km			

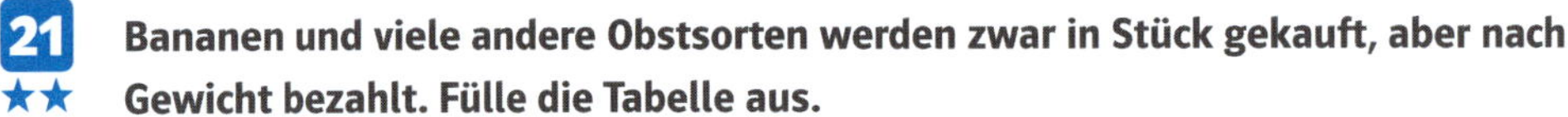

21 ★★ **Bananen und viele andere Obstsorten werden zwar in Stück gekauft, aber nach Gewicht bezahlt. Fülle die Tabelle aus.**

Gewicht in kg	1	$\frac{1}{2}$	$1\frac{1}{2}$	$\frac{3}{4}$	2	$2\frac{1}{4}$	$1\frac{3}{4}$
Preis in €	1,80						

22 ★☆ **Ein Kubikzentimeter Eisen wiegt 7,8 g.**
Erstelle eine Tabelle für das Gewicht von Eisenquadern der Größe 10 cm³; 15 cm³; 20 cm³; 25 cm³.

Tipp

Proportionale Zuordnungen lassen sich gut als Schaubilder (Graphen) in einem Achsenkreuz darstellen. Der **Graph** einer **proportionalen Zuordnung** ist eine **Gerade,** die durch den Ursprung geht.

Beispiel:
1 kg Tomaten ergibt nach Verarbeitung ca. 200 g Ketchup.

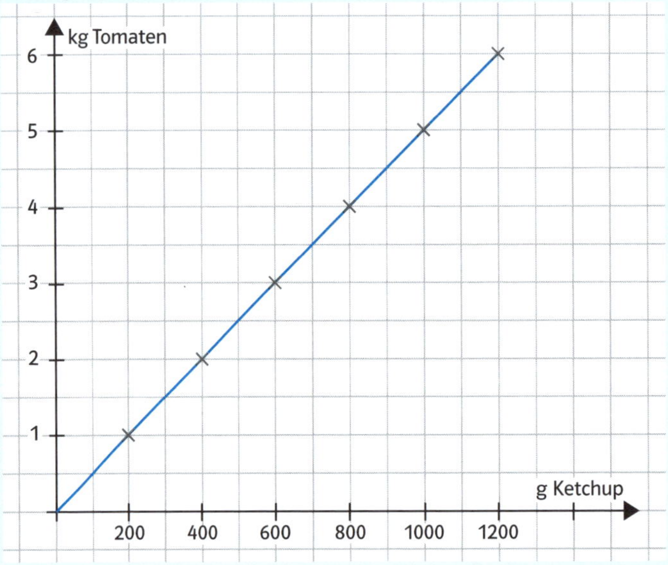

23 ★☆ **Die Mädchen der 5. Klasse tauschen drei Bonbons gegen zwei Tierpostkarten. Lege eine Tauschtabelle an und zeichne ein Schaubild.**

24 ★★ **In einem Versandhaus werden Bücher verpackt. Man braucht für ein Buch 0,6 m² Packpapier.**

a) Lege eine Tabelle an und zeichne ein Schaubild.
b) Entnimm diesem den Verbrauch an Packpapier für 12, 26, 35, 56 Bücher.
c) Berechne den Verbrauch für 117 Bücher.

Tipp
Wähle die Einteilung der Koordinatenachsen geschickt, z. B. in 10-er Schritten auf der Rechtsachse (Bücher) und in 6-er Schritten auf der Hochachse (Papier).

25 ★☆ **Sara spart ihr Taschengeld für den Kauf eines Smartphones. Sie bekommt im Monat 15 €. Erstelle eine Tabelle für sechs Monate und zeichne dazu ein Schaubild.**

26 ★☆ **Lies im Schaubild zu der blau markierten Fahrzeit in Minuten die zugeordnete Fahrstrecke in Kilometern ab. Trage sie in die Tabelle ein.**

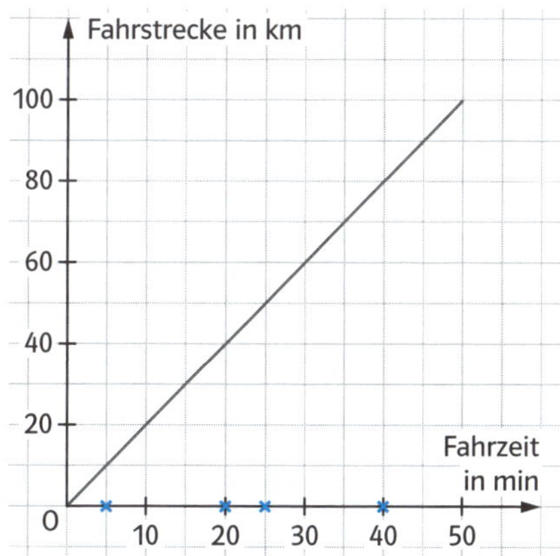

Fahrzeit in min				
Fahrstrecke in km				

27 ★☆

Bei gleichmäßiger Fahrt werden in 90 Minuten 60 Kilometer zurückgelegt.
Trage die blau markierte Fahrzeit in Minuten und die zugeordnete Fahrstrecke in Kilometern in die Tabelle ein.

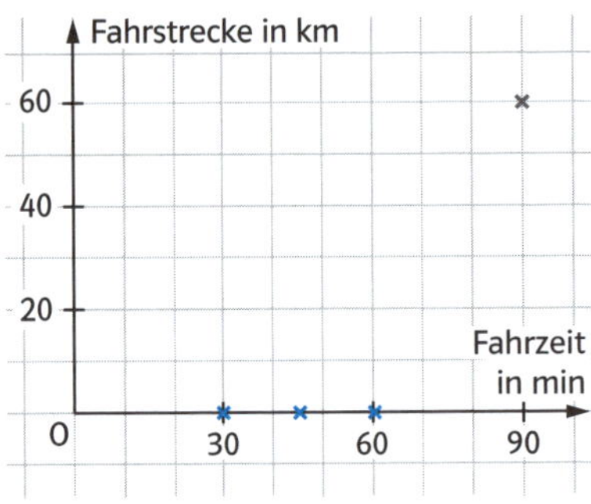

Fahrzeit in min				
Fahrstrecke in km				

Fülle die Lücke aus.

Für eine Fahrstrecke von 50 km werden ________ min benötigt.

28 ★★

Das Schaubild gibt den Kurs vom Kanadischen Dollar (CAD) zum Euro (€) an.

a) Entnimm dem Schaubild die Werte für 2, 3, 4 und 5 Euro.

b) Wie viel Euro bekommst du für 3, 5 und 7 kanadische Dollar?

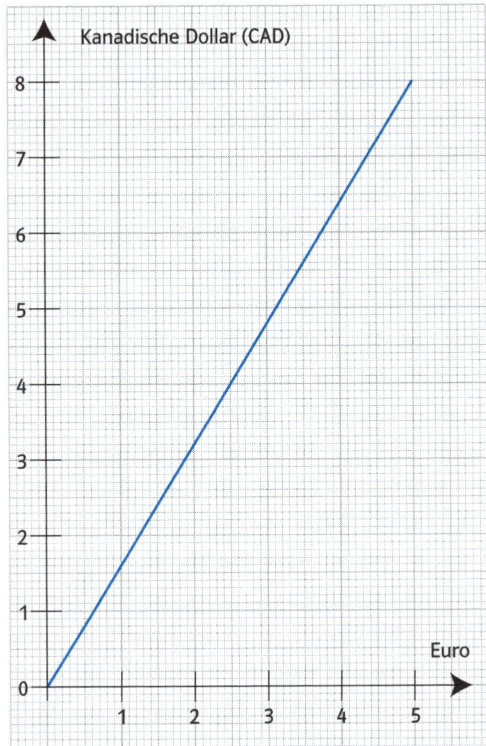

★☆ **Trage die Werte aus der Tabelle in ein Schaubild ein. Vervollständige die Tabelle. Ob du das vor oder nach dem Zeichnen machst, ist dir überlassen. (Rechtsachse: 1 cm für 1 Packung; Hochachse: 1 cm für 2 €)**

Anzahl Packungen	1	2	3	4	5	6	7	8
Preis in €		3,00				9,00		

★★ **Eine Käsesorte wird für 13,60 € pro kg angeboten. Stelle eine Preistabelle in 50 g-Schritten auf.**

Gewicht in g	50								500
Preis in €									

Mit etwas Überlegung kannst du aus der Tabelle auch den Preis für Werte genau in der Mitte zwischen zwei Eingabewerten ablesen.
Ergänze die Lücken.

125 g kosten ______________ €.

275 g kosten ______________ €.

325 g kosten ______________ €.

31 ★☆

Lies aus dem Schaubild folgende Werte ab:
Wie viel kosten 1, 3, 5 Brötchen?
Wie viele Brötchen erhält man für 11,20 € und für 14,40 €?

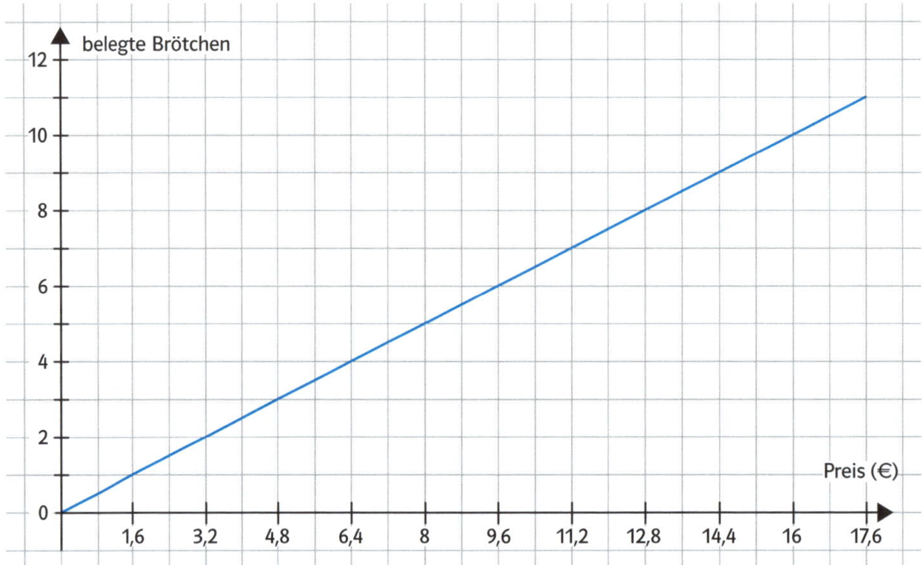

32 ★★

Britta schreibt auf ihrem Computer 120 Anschläge in der Minute. Für eine Seite rechnet sie mit 36 Zeilen zu je 60 Anschlägen. Bestimme, in welcher Zeit sie 2, 3, 4, 5 Seiten schreiben kann.

33 ★★

Anna musste als Hausaufgabe eine Tabelle ausfüllen. Die blauen Werte wurden von ihr eingesetzt. Timo wirft einen Blick darauf und rollt die Augen. Verbessere ihre Werte, wenn nötig.

Anzahl der Ponys	3	8	10	**14**	24	28
Zusatzfutter pro Tag in kg	**1,5**	2,8	**3,5**	5,25	**8,00**	**10**

Für einen Euro bekam man im Juni 2013 rund

9	**schwedische Kronen**
125	**japanische Yen**
0,8	**britische Pfund**
8,1	**chinesische Renmimbis**

Tipp

Willst du den aktuellen Stand der Währungen wissen, dann suche online nach „Währungsrechner".

Berechne,

a) … wie viel Yen du für 25 € bekommst.
b) … wie viel Euro du für 480 britische Pfund bekommst.
c) … wie viel Yen du für 54 schwedische Kronen bekommst.
d) … wie viel Euro 153 schwedische Kronen und 324 chinesische Renmimbis sind.

In jeder der Tabellen, die proportionale Zuordnungen zeigen, ist eine zugeordnete Größe falsch. Finde sie heraus und markiere sie. Du kannst Schaubilder zeichnen oder auch rechnen.
Nimm für die ersten zwei Schaubilder 1 cm für 1 Stück und 1 cm für 1 €.
Für das dritte Schaubild ist 1 cm für 2 min geeignet.

a)

Anzahl Flaschen	3	4	5	10
Preis in €	2,40	3,60	4,00	8,00

b)

Anzahl Brote	3	5	6
Preis in €	4,50	7,00	9,00

c)

Zeit in min	5	15	18	20
Füllhöhe in dm	3	9	10	12

d)

Balkenlänge in m	2,00	2,75	4,50
Gewicht in kg	40	55	95

2 Dreisatz

Dreisatz bei proportionalen Zuordnungen („je mehr – desto mehr“)

Tipp

Im Alltag kommt es oft vor, dass sich zwei Größen gleichartig (proportional zueinander) verhalten. Dann gehört z. B. zum Doppelten der einen Größe auch das Doppelte der anderen Größe. Solche Zuordnungsaufgaben kannst du mit dem Je-mehr-desto-mehr-Dreisatz lösen.
Der Begriff „Dreisatz“ kommt daher, dass man die Lösung der Aufgabe in drei Schritten (Sätzen) aufschreiben kann.

Das Rechenschema „Je-mehr-desto-mehr-Dreisatz“ kann man anwenden, wenn diese Bedingungen erfüllt sind:

1. Je größer der Wert der ersten Größe ist, desto größer ist der Wert der zugehörigen zweiten Größe.
2. Zum doppelten, dreifachen, ..., halben, ... Wert der ersten Größe gehört das Doppelte, das Dreifache, ..., die Hälfte, ... des Werts der zweiten Größe.

1 ★☆ **Welche Aufgabe kann man mithilfe eines „Je-mehr-desto-mehr-Dreisatz“ lösen? Kreuze an.**

a) ☐ 5 Rosen kosten 9,00 €. Was kosten 8 Rosen?
b) ☐ Ein zwei Wochen altes Baby ist 52 cm groß. Wie groß ist es in 5 Wochen?
c) ☐ 15 gleiche Fässer enthalten zusammen 600 Liter Wein. Wie viel Wein ist in 12 solcher Fässer?
d) ☐ Wenn Lisa jeden Tag 15 Seiten eines Buchs liest, braucht sie für das ganze Buch 12 Tage. Wie lange braucht sie, wenn sie täglich 20 Seiten liest?
e) ☐ Ein Chor mit 20 Sängern braucht für ein Lied 4 Minuten. Wie lange braucht er für das Lied, wenn es 5 Sänger mehr sind?

2 ★☆ **Bei welchen Aufgaben darfst du den Dreisatz anwenden? Kreuze an.**

a) ☐ Fabiana ist 12 Jahre alt und 1,54 m groß. Wie groß war sie mit 6 Jahren?
b) ☐ Die Klasse 6a fährt ins Schullandheim in die Schweiz. Jeder Schüler soll ein Taschengeld von ungefähr 50 € in Schweizer Franken umtauschen. Der Wechselkurs ist 100 € = 109 CHF.
c) ☐ Ein Ei ist nach etwa 5 min weich gekocht. Wie lange brauchen 5 Eier?

Tipp

So kannst du Aufgaben mit dem Dreisatz lösen:

Im 1. Satz schreibst du auf, was dir bekannt ist.
Im 2. Satz berechnest du den Wert für eine Einheit durch Division.
Im 3. Satz berechnest du den Wert für die gefragte Menge durch Multiplikation.
Die drei Sätze kannst du auch übersichtlich in einer Tabelle aufschreiben.

1. Überprüfe, ob die Größen zueinander proportional sind.
   Schreibe in die erste Zeile die gegebenen Größen.
2. Lass die zweite Zeile zunächst frei und schreibe in die dritte Zeile die dritte bekannte Größe, zu der ein zugeordneter Wert gesucht ist.
3. Schreibe in die noch leere zweite Zeile einen passenden Zwischenwert und berechne die fehlenden Größen proportional.

Beispiel:
3 kg Äpfel kosten **3,99 €**.
Wie viel kosten **5 kg**?
Der Dreisatz ist anwendbar, da doppelt so viele Äpfel auch doppelt so viel kosten.

		Gewicht	Preis	
1. Zeile	: 3	**3 kg**	**3,99 €**	: 3
2. Zeile		1 kg	1,33 €	
3. Zeile	· 5	**5 kg**	6,65 €	· 5

5 kg Äpfel kosten 6,65 €.

3 **Ergänze die Lücken.**

Mit 10 Betonplatten kann man einen 4 m langen Weg belegen.

a) Wie lang kann der Weg werden, wenn man 15 Platten zur Verfügung hat?

1. Bekanntes Verhältnis zwischen den beiden Größen ermitteln:
   10 Platten reichen für ______ **m** Weglänge.
2. Zurückrechnen auf eine Einheit:
   1 Platte reicht für 4 m : ______ = **0,4 m** Weglänge.
3. Hochrechnen auf die gesuchte Größe:
   15 Platten reichen für 15 · ______ m = **6 m** Weglänge.

b) Wie viele Platten sind notwendig, um einen 18 m langen Weg auszulegen?

1. Bekanntes Verhältnis zwischen den beiden Größen ermitteln:
   Für **4 m Weglänge** braucht man ______ **Platten**.
2. Zurückrechnen auf eine Einheit:
   Für **1 m Weg** werden 10 : ______ = **2,5 Platten** benötigt.
3. Hochrechnen auf die gesuchte Größe:
   Für **18 m Weg** braucht man 18 · ______ = **45 Platten**.

4 Ergänze.

a) 5 Becher Joghurt kosten 1,75 €. 8 Becher kosten dann ________

Anzahl (Becher)	Preis (in €)

: ☐   : ☐

· ☐   · ☐

b) 4 Stück Kiwi kosten 1,80 €. 10 Stück kosten dann ________

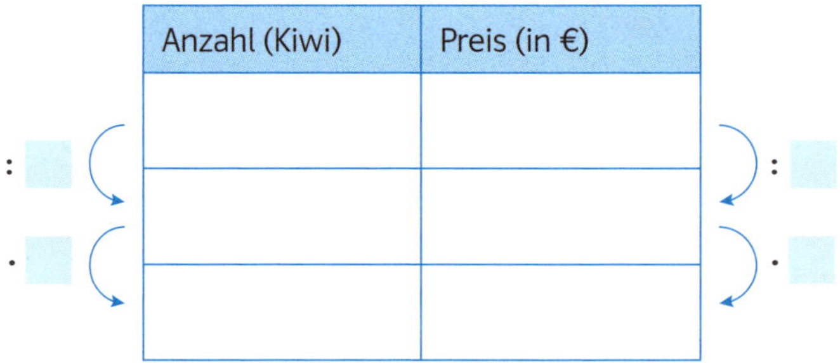

Anzahl (Kiwi)	Preis (in €)

: ☐   : ☐

· ☐   · ☐

5 Frau Lieblings neues Auto verbraucht außerorts auf 100 km durchschnittlich nur 4,4 l Benzin.

a) Wie viel Benzin verbraucht sie bei einer 320 km langen Fahrt?
Fülle die Lücken aus.

Gefahrene km	Verbrauch (in l)
100	
1	
320	

: ☐   : ☐

· ☐   · ☐

b) Wie weit kann sie mit vollem Tank (31 l) außerorts in etwa fahren?

	Verbrauch (in l)	Gefahrene km	
:	4,4		:
·	1		·
	31		

6 ★☆ **Berechne mithilfe eines „Je-mehr-desto-mehr-Dreisatz".**
Zwei gleiche Packungen enthalten zusammen 36 Schokoladentafeln.

a) Wie viele Tafeln sind in 6 Packungen? ____________________

b) Wie viele Tafeln sind in 5 Packungen? ____________________

7 ★☆ **Berechne den Wert für eine Einheit.**

a) 7 Stifte kosten 15,05 €. 1 Stift kostet __________.

b) 3 Brote kosten 5,70 €. 1 Brot kostet __________.

c) 12 Flaschen Wein kosten 46,20 €. 1 Flasche Wein kostet __________.

d) Max schafft 4 Aufgaben in 32 Minuten. Für 1 Aufgabe braucht er __________.

e) 300 g Wurst kosten 3,75 €. 100 g Wurst kosten __________.

f) 9 Pakete Hundefutter wiegen 3,150 kg. 1 Paket wiegt __________.

g) 24 Taschenrechner kosten 348 €. 1 Taschenrechner kostet __________.

8 ★☆ **Berechne im Kopf!**

6 Flaschen Saft kosten 6,60 €. Wie viel kosten 9 Flaschen?

9 Flaschen kosten ________________.

4 Packungen wiegen 1800 g. Wie viel wiegen 10 Packungen?

10 Packungen wiegen ________________.

3 Pferde fressen täglich 42 kg Heu. Wie viel fressen 7 Pferde?

7 Pferde fressen ________________.

12 Arbeitsstunden kosten 132 €. Wie viel kosten 9 Stunden?

9 Stunden kosten ________________.

9 ★☆ **Herr Maier hat seinen Spritverbrauch gemessen. Für 620 km hat er etwa 53 l gebraucht.**

a) Wie viel Benzin verbraucht er durchschnittlich auf 100 km?
b) Wie weit kommt er mit 30 l?

10 ★☆ **Im Wald wurden viele Fichten gefällt. 170 Bäume ergeben 544 Festmeter Holz. Timos Großvater besitzt ein Los mit 22 Bäumen. Berechne, wie viele Festmeter das ergibt.**

11 ★☆ **Die Jahresmiete beträgt 1260 € (12 Monate). Berechne, welcher Betrag für 7 Monate bezahlt werden muss.**

12 ★★ **Ein Eimer Farbe von 7500 g reicht für 30 m^2. Laras Zimmer hat eine Wandfläche von 21 m^2. Berechne, wie viel Farbe nach dem Streichen noch übrig ist.**

13 ★☆ **Ergänze die fehlenden Werte in der Tabelle.**

a)

Benzin (l)	Preis (€)
1	
	3,16
3	
5	7,90
10	
	63,20
80	

b)

Kartoffeln (kg)	Preis (€)
1	
1,2	0,66
	0,88
2,4	
5	
	3,85
12	

14 ★☆ **Berechne.**

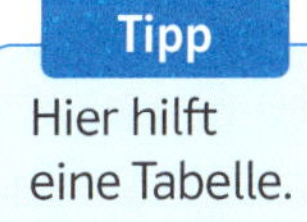

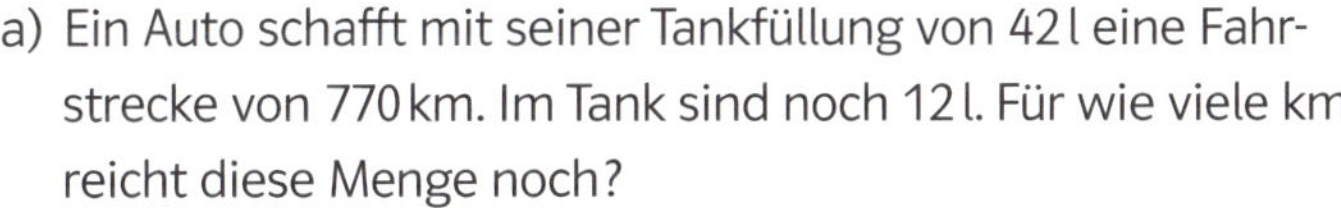

a) Ein Auto schafft mit seiner Tankfüllung von 42 l eine Fahrstrecke von 770 km. Im Tank sind noch 12 l. Für wie viele km reicht diese Menge noch?

b) Ein 12 m hoher Mast wirft einen 16,8 m langen Schatten. Ein daneben stehender Baum ist 30 m hoch. Wie lang ist sein Schatten?

c) Ein Grundstück von 910 m^2 wird zu 7700 € angeboten. Familie Lang möchte eine Teilfläche von 390 m^2 kaufen. Was kostet diese Fläche?

15 ★★ **In Deutschland lebten Anfang 2000 ungefähr 82,5 Millionen Einwohner. Wenn sich 15 Menschen hintereinander aufstellen und an den Händen halten, ergibt sich durchschnittlich eine Kette von 20 m Länge.**
Berechne die Länge einer Menschenkette mit allen Einwohnern Deutschlands.
Du darfst den Taschenrechner benutzen.

16 ★★ **Mit dem Dreisatz in die Zukunft blicken!**

a) Anne liest ein 210 Seiten dickes Pferdebuch. In 7 Tagen hat sie 154 Seiten geschafft. Reicht das Buch noch für Freitag, Samstag und Sonntag?

____

b) Lotte und Sarah spielen Basketball. In der Spielrunde sind 10 von 16 Spielen gespielt. Lotte hat bis jetzt 145 Korbpunkte geworfen. Wird sie ihren bisherigen persönlichen Saisonrekord von 220 Punkten überbieten?
Lotte wird mehr als 220 Punkte erreichen. ja ☐ nein ☐

Sarah hat zwei Spiele verpasst. Sie hat es bisher auf 106 Punkte gebracht und hofft, am Saisonende über die 200-Punkte-Grenze zu kommen.
Sarah wird vermutlich die 200-Punkte-Grenze überbieten. ja ☐ nein ☐

17 ★☆ **Ein kleiner Teich wächst mit Seerosen zu. Etwa 45 m^2 sind bereits bewachsen, das sind $\frac{3}{10}$ der Gesamtfläche. Wie viele m^2 sind auf dem See noch frei?**

18 ★★ **Nick braucht zusätzliches Geld für eine Fahrradreparatur. Es fehlen ihm noch 27 €. Für $1\frac{1}{2}$ h Garten- und Hausarbeit erhält er 4,50 €. Berechne, wie viele Stunden er noch arbeiten muss.**

19 ★☆ **Ein Badezimmer hat 9 m^2 Bodenfläche, die neu gefliest wird. Es werden genau 225 Fliesen verbraucht. Berechne, wie viele Fliesen man für eine separate Toilette mit 3 m^2 bräuchte.**

20 ★★ **Frau Glücklich hat gemessen, dass sie mit ihrem Auto für 10 km durchschnittlich 15 min benötigt.**

a) Berechne, wie lange sie für 45 km braucht.
b) Wie weit kommt sie in 1 h 20 min?
c) Unter welcher Annahme stimmt deine Berechnung?

21 ★★ **Vergleiche die Preise der Knabberpackungen miteinander. Berechne jeweils mithilfe des Dreisatzes.**

22 ★☆ **Mit 4,5 Litern fährt ein Auto 49,5 Kilometer weit. Berechne, wie weit dasselbe Auto mit**

a) 6 Litern b) 15 Litern c) 8,5 Litern **kommt.**

23 ★☆ **Ein elektrischer Heizofen verbraucht in 4 Stunden 7,2 Kilowattstunden. Berechne, wie viele Kilowattstunden er in**

a) $5\frac{1}{2}$ Stunden b) $\frac{1}{4}$ Stunde c) $7\frac{3}{4}$ Stunden **verbraucht.**

24 ★☆ **Ein Radfahrer kommt mit einer Pedalumdrehung 430 cm weit. Wie viele Male muss er das Pedal drehen, um 120 m weit zu kommen?**

25 ★★ **Beim Autobahnbau stellt ein „Einbauzug“ in vier Tagen 1580 Meter Asphaltfahrbahn her.**

a) Wie viele Meter werden unter gleichen Bedingungen in 14 Arbeitstagen hergestellt?

b) Wie lange braucht die Maschine, um ein Teilstück von 10 km herzustellen?

26 ★★ **Ein Flugzeug legt in der Stunde 900 km zurück.**

a) Wie viele Kilometer legt es zurück in $\frac{3}{4}$ Stunden, $2\frac{1}{4}$ Std., $3\frac{1}{2}$ Std.?

b) Welche Zeit benötigt es für 660 km; 1320 km; 2790 km?

Dreisatz bei antiproportionalen Zuordnungen („je mehr – desto weniger“)

Tipp

Häufig verhalten sich Größen gegensinnig (antiproportional), denn z.B. verrichten mehr Leute dieselbe Arbeit in weniger Zeit. Dann gehört zum Doppelten der einen Größe die Hälfte der anderen Größe.

Was sind zueinander antiproportionale Größen?

Zwei Größen sind zueinander antiproportional, wenn gilt:

1. Nimmt die erste Größe zu, dann nimmt die zugeordnete Größe ab, kurz wenn gilt: Je mehr … desto weniger ….
2. Zum Doppelten, Dreifachen, Vierfachen, … der ersten Größe gehört die Hälfte, ein Drittel, Viertel, … der zugeordneten Größe.

Beispiel:
Die Theater-AG möchte 200 Werbezettel für ihre Aufführung verteilen.

$\cdot 4$, $\cdot 2$

Kinder	1	2	4
Zettel je Kind	200	100	50

$:2$, $:4$

27 ★☆ **Welche Aufgabe kann man mithilfe eines „Je-mehr-desto-weniger-Dreisatz“ lösen? Kreuze an.**

a) Wenn ich jeden Tag 3 Äpfel esse, reicht mein Vorrat 10 Tage lang. Wie lange reicht er, wenn ich täglich 4 Äpfel esse? ☐

b) Ein 60 kg schwerer Läufer braucht für 100 m 12,0 s. Wie lange braucht ein 90 kg schwerer Läufer? ☐

c) Wenn Frau Groß 60 km/h schnell fährt, braucht sie 40 min zur Arbeit. Wie lange braucht sie, wenn sie 80 km/h fährt? ☐

d) 7 Eier kosten 1,61 €. Wie viel kosten 10 Eier? ☐

e) Wenn Familie Knobel 250 km gefahren ist, sind es noch 450 km bis zum Urlaubsort. Wie weit ist es noch, wenn sie schon 320 km weit gefahren ist? ☐

Tipp

Das Rechenschema „Je-mehr-desto-weniger-Dreisatz" kann man anwenden, wenn folgende Bedingungen erfüllt sind:

1. Je größer der Wert der ersten Größe ist, desto kleiner ist der Wert der zugehörigen zweiten Größe.
2. Zum doppelten, dreifachen, …, halben, … Wert der ersten Größe gehört die Hälfte, ein Drittel, …, das Doppelte, … des Werts der zweiten Größe.

Achtung: „Je mehr … desto weniger …" bedeutet auch „je weniger … desto mehr …".

Auch die Lösung von solchen Aufgaben kann man in drei Schritten (Sätzen) aufschreiben.

1. Überprüfe, ob die Größen zueinander antiproportional sind. Schreibe in die erste Zeile die gegebenen Größen.
2. Lass die zweite Zeile zunächst frei und schreibe in die dritte Zeile die dritte bekannte Größe, zu der ein zugeordneter Wert gesucht ist.
3. Schreibe in die noch leere zweite Zeile einen passenden Zwischenwert und berechne die fehlenden Größen antiproportional.

Beispiel:
Fünf Bagger benötigen für das Ausheben einer Grube **vier** Tage. Wie lange benötigen **acht** Bagger?
Der Dreisatz ist anwendbar, da mehr Bagger weniger Zeit brauchen.

		Bagger	Zeit	
1. Zeile	: 5	**5**	**4 Tage**	· 5
2. Zeile	· 8	1	20 Tage	: 8
3. Zeile		**8**	2,5 Tage	

Acht Bagger benötigen nur $2\frac{1}{2}$ Tage.

28 ★☆ Eine Wagenladung Heu reicht für 5 Pferde 12 Tage. Berechne, wie lange das Heu für 8 Pferde ausreicht.

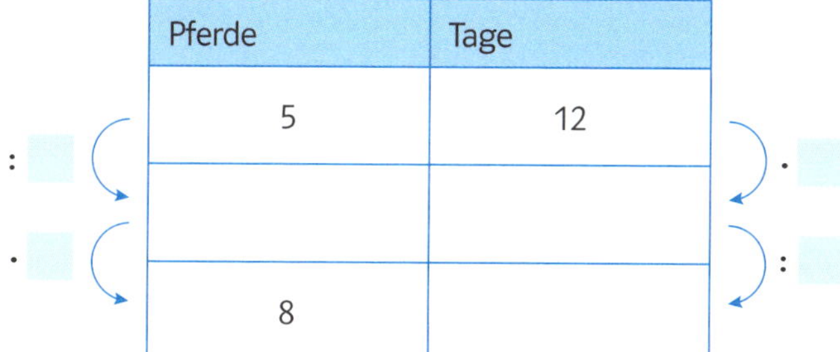

	Pferde	Tage	
:	5	12	·
·			:
	8		

Berechne jeweils mithilfe des Dreisatzes.

29 ★☆ Nach der Schuldisco muss die Schülermitverwaltung aufräumen. Die Schülersprecherin schätzt, dass fünf Schüler dafür etwa zwei Stunden bräuchten. Es kommen aber nur vier Helfer. Wie lange brauchen sie voraussichtlich für die Aufräumarbeiten?

30 ★☆ In Talbach werden 20 neue Grundstücke zu je 320 m^2 erschlossen. Um noch mehr Grundstücke zu erhalten, wird im Bebauungsplan die Größe auf 256 m^2 verkleinert. Wie viele Grundstücke können so erschlossen werden?

31 ★★ Im Werkunterricht werden für Modelle Rundholzstäbe gebraucht. Der erste Stab wird in 16 cm lange Stücke gesägt und ergibt 15 Stück. Ein zweiter, gleich langer Stab, wird zur Hälfte in 8 cm lange Stücke gesägt, der Rest soll 12 cm lange Stäbe ergeben. Gib an, wie viele Stäbe aus dem zweiten Stab gesägt werden.

32 ★★ Ein Weinfass sollte in $\frac{3}{4}$-Liter-Flaschen abgefüllt werden. Dazu wären 200 Flaschen notwendig. Man entscheidet sich jedoch für 1-Liter-Flaschen. Wie viele 1-Liter-Flaschen sind dann notwendig?

33 ★★ Eine Fläche von 12 m^2 im Schulgarten soll in Schülerbeete aufgeteilt werden. Wie groß werden die Beetflächen für 3, 4, 5, 6, 8 Schüler? Lege eine Tabelle an.

34 ★★ Eine Gruppe von 15 Schülern stellt kleine Tonarbeiten her. Es wurde mit 500 g Ton je Schüler gerechnet. Am Arbeitstag sind 3 Schüler krank. Gib an, wie viel Ton jeder Schüler erhält.

35 ★★ Ein altes Bauernhaus besitzt 4 offene Kamine. Der angesammelte Holzvorrat reicht 5 Monate lang, wenn nur 3 Kamine beheizt werden. Es sollen jedoch alle 4 Kamine befeuert werden. Berechne, wie viele Monate dann geheizt werden kann.

36 ★★
In Bedorf ist Sperrmüllabfuhr. Um alles im Ort anfallende Sperrgut abzutransportieren, müssen 2 Lkw des Müllunternehmens 6-mal zur Deponie fahren. Es kann dann noch ein dritter Lkw eingesetzt werden.
Wie oft müssen die Lkws fahren?

37 ★★
Der Wasservorrat für eine Wüstensafari ist auf 10 Tage und für 8 Personen berechnet. Es nehmen schließlich jedoch 10 Personen teil.
Wie lange reicht der Wasservorrat aus?

38 ★☆
Im Pferdestall reicht das Futter für 30 Pferde 20 Tage.

a) Wie lange reicht das Futter für 40 Pferde?
b) Für wie viele Pferde reicht das Futter 25 Tage?

39 ★☆
Die Klasse 6 b möchte eine Schullandheimzeitung erstellen. Wenn eine getippte Seite 40 Zeilen erhält, würde die Zeitung aus 36 Seiten bestehen.

a) Wie viele Seiten erhält die Zeitung, wenn auf jede Seite nur 36 Zeilen passen?
b) Wie viele Zeilen müssen auf eine Seite passen, wenn die Zeitung nur 32 Seiten haben soll?

40 ★☆
Familie Fit hat sich eine Wandertour ausgesucht und berechnet, dass sie nach sechs Tagen am Ziel sind, wenn sie täglich 25 km wandern.

a) Wie lange brauchen sie, wenn sie jeden Tag 30 km wandern?
b) Wann wären sie am Ziel, wenn sie nur 20 km täglich schaffen?
c) Wie viele km müssten sie täglich laufen, wenn sie schon nach vier Tagen am Ziel sein wollen?

41

★☆
Vier Bagger brauchen zum Ausheben einer Grube $7\frac{1}{2}$ Tage.

a) Wie lange würden drei Bagger dazu brauchen?
b) Wie viele Bagger braucht ein Bauunternehmer, wenn er in fünf Tagen mit der Arbeit fertig sein möchte?

3 Vermischte Aufgaben

1 ★☆ **30 Schrauben wiegen zusammen 75 g.**

a) Wie viel wiegen dann 6 Schrauben?
b) Wie viel wiegen 50 Schrauben?
c) Wie viele Schrauben wiegen zusammen 300 g?
d) Wie viele Schrauben wiegen zusammen 400 g?

2 ★☆ **Wenn Justus bei seiner großen Radtour täglich 40 km weit fährt, so ist er 12 Tage unterwegs.**

a) Wie lange wäre er unterwegs, wenn er 80 km pro Tag fährt?
b) Wie lange wäre er unterwegs, wenn er täglich 60 km fährt?
c) Wie weit müsste er jeden Tag fahren, wenn er für die gesamte Tour nur 4 Tage brauchen will?
d) Wie lang wäre eine Tagesetappe, wenn die Radtour 10 Tage dauern soll?

3 ★★ **Frau Schumann möchte gerne wissen, wie viel Benzin sie für eine 400 km lange Autofahrt braucht. Bei einer 250 km langen Autofahrt betrug der Verbrauch 15 Liter.**

a) Welche der folgenden Rechnungen führen zum richtigen Ergebnis?

A

	Strecke (km)	Verbrauch (l)	
	250	15	
: 250			: 250
· 400			· 400

B

	Strecke (km)	Verbrauch (l)	
	250	15	
: 250			· 250
· 400			: 400

C

Strecke (km)	Verbrauch (l)
250	15

Links: : 5, · 8 — rechts: : 5, · 8

D

Strecke (km)	Verbrauch (l)
250	15

Links: : 25, · 50 — rechts: · 25, : 50

Zum richtigen Ergebnis führen die Rechnungen ______________.

b) Berechne den Verbrauch für 400 km.

____

4 ★★

Berechne.

Wenn Tom jeden Tag im Urlaub 3 € von seinem gesparten Geld ausgibt, reicht es 15 Tage lang. Wie lange reicht es, wenn er täglich 5 € ausgibt?

5 ★★

Die Klasse 6a kocht Apfelmus für den Weihnachtsbasar. Wenn sie das Apfelmus in 150 ml-Gläser abfüllen, können sie 24 Gläser füllen.

a) Wie viele Gläser können sie füllen, wenn sie 200 ml-Gläser verwendet?
b) Wie viele Milliliter müssten in ein Glas passen, wenn sie das Apfelmus in 15 gleich große Gläser füllen wollen?

6 ★★ **Bei welchen Tabellen kann man die fehlenden Werte mithilfe eines Dreisatzes berechnen? Ergänze in allen Tabellen die fehlenden Werte.**

a)

1. Größe	1	2	3	6	
2. Größe	2	4	6		20

b)

1. Größe	1	2	3	5	
2. Größe	60	30	20		6

c)

1. Größe	1	2	3	5	
2. Größe	5	8	11		26

d)

1. Größe	1	2	3	8	
2. Größe	1,2	2,4	3,6		5,4

Mit einem Dreisatz berechnen kann man die Tabellen ________________.

7 ★☆ **Die Tankfüllung von 45 l von Onkel Peters Auto reicht 850 km weit. Zeichne ein Schaubild (Fahrstrecke auf der x-Achse, Verbrauch auf der y-Achse).**

Lies die folgenden Werte möglichst genau ab:

Für 400 km braucht der Pkw etwa ________________.

Mit 35 l kommt der Pkw etwa ________________ weit.

8 ★☆ **Berechne.**

4 Packungen Kekse kosten 5,20 €.

Wie viel kosten 3 Packungen? Sie kosten ________________.

Wie viel kosten 9 Packungen? Sie kosten ________________.

9 ★☆ **Berechne.**

Ein Schwimmbecken von 125 m³ Fassungsvermögen wird gefüllt. Nach 18 h sind 75 m³ eingelaufen.

Wie viel Wasser ist nach 21 h eingelaufen? Es sind ___________ eingelaufen.

Nach wie viel h ist das Schwimmbecken voll? Das Füllen dauert ___________.

10 ★☆ **An einer Tankstelle sind die Preisanzeigen defekt. Für 35 Liter Benzin bezahlt Herr Schäfer 43,75 €. Berechne, wie viel 50 l Benzin kosten.**

11 ★☆ **Eine Zoohandlung muss neues Futter für Meerschweinchen einkaufen. Eine Packung Futter soll 4 Tiere 15 Tage lang ernähren.**

a) Wie lange werden 20 Tiere an einer Packung satt?
b) Es werden 5 Tiere verkauft. Wie lange reicht jetzt eine Packung Futter?

12 ★★ **Berechne die fehlenden Werte und schreibe zu jeder Aufgabe eine passende Textaufgabe.**

Tipp
Es ist nicht immer erforderlich, auf eine Grundeinheit zurückzurechnen. Manchmal kommt man auch mit größeren Zwischenschritten aus.

a)

Stückzahl	Preis
14	42 €
9	

b)

Strecke	Verbrauch
90 km	6 l
	27 l

c)

%	Anzahl
20	80
50	

d)

Strecke	Zeit
60 m	8 s
	44 s

13 ★★
68 Kühe fressen in je 18 Tagen 169 Ballen Heu zu je 24 kg. Berechne, wie viele Ballen zu je 26 kg 102 Kühe in 13 Tagen fressen.

14 ★★
Um einen großen Parkplatz vom Schnee zu räumen, brauchen drei Arbeiter sechs Stunden.

a) Wie lange würden vier Arbeiter dazu brauchen?
b) Wie viele Arbeiter müssten eingesetzt werden, wenn der Parkplatz in zwei Stunden geräumt werden soll?
c) Nachdem drei Arbeiter zwei Stunden geräumt haben, kommen ihnen drei weitere zu Hilfe. Wie lange brauchen sie gemeinsam noch, um den Parkplatz zu räumen?

15 ★★
Ein überfluteter Keller wird von der Feuerwehr mit 3 Pumpen in einer Stunde und 45 Minuten leergepumpt.

a) Bestimme die Zeit, die man braucht, wenn nur 2 Pumpen eingesetzt werden.

b) Es stehen nur 63 Minuten zur Verfügung. Berechne, wie viele Pumpen die Feuerwehr in diesem Fall einsetzen muss.

16 ★★
Eine Lieferung von Maschinenteilen kann in sechs Tagen fertiggestellt werden, wenn die Maschinen täglich 80 Teile produzieren.

a) Bestimme, wie viele Teile täglich gefertigt werden müssen, wenn bereits nach 4 Tagen ausgeliefert werden soll.

b) Berechne, wann die Lieferung fertig ist, wenn nur noch 30 Teile pro Tag gefertigt werden können.

1 Abhängigkeiten von Größen beschreiben und darstellen

1 a)

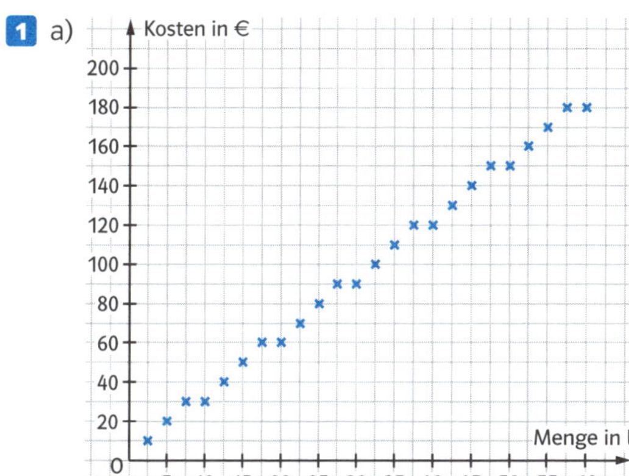

b) Kl. 6a: 140 €
Kl. 6b: 150 €
Kl. 6c: Da es eine Menge von 51 l nicht zu kaufen gibt, müssen $52\frac{1}{2}$ l zu 160 € gekauft werden.
Kl. 6d: Es müssen $37\frac{1}{2}$ l zu 120 € gekauft werden.

2

Zeit nach 6 Uhr (in h)	0	1	2	3	4	5	6	7	8	9	10	11	12
Temperatur in °C	2	2	3	5	6	5	8	9	6	4	2	1	0

3 a)

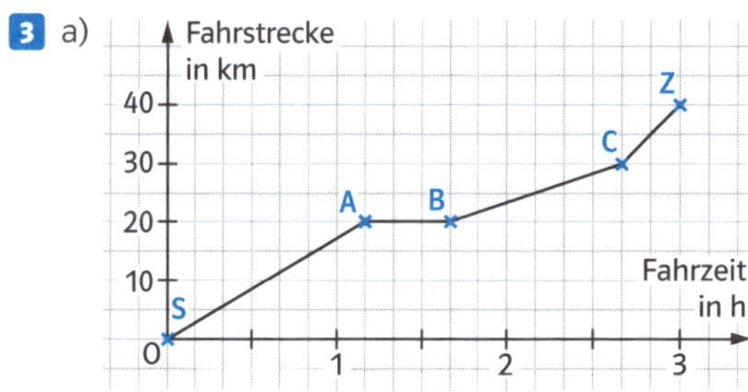

b) Vom Punkt B bis zum Punkt C fuhr die Gruppe langsam, von C bis Z fuhr sie schnell, von S bis A mit mittlerer Geschwindigkeit.
Von S bis A waren es 20 km. Für diese Teilstrecke brauchte die Gruppe 70 min = 1 h 10 min.
Die Rast dauerte 30 min = $\frac{1}{2}$ h lang.

c) Ja. Für die 10 km lange Teilstrecke von B nach C brauchte die Gruppe 1 h, für die ebenso lange Teilstrecke von C nach Z nur 20 min. Sie war auf der Teilstrecke von von B nach C also langsamer.

d) Ja. Nach der halben Zeit $\left(1\frac{1}{2}\text{h}\right)$ ist die Gruppe genau 20 km weit gefahren, also die Hälfte der Strecke.
Nach einem Drittel der Zeit (1 h) ist die Gruppe mehr als 15 km gefahren. Das ist mehr als ein Drittel.

4 a) 3 km
b) Nach 1,8 km wurde die geringste Geschwindigkeit gemessen.
c) Die Geschwindigkeit nimmt ab.
d) Zwischen 0,8 km und 1,4 km befindet sich der längste gerade Streckenabschnitt.
e) Die Strecke könnte ungefähr so aussehen:

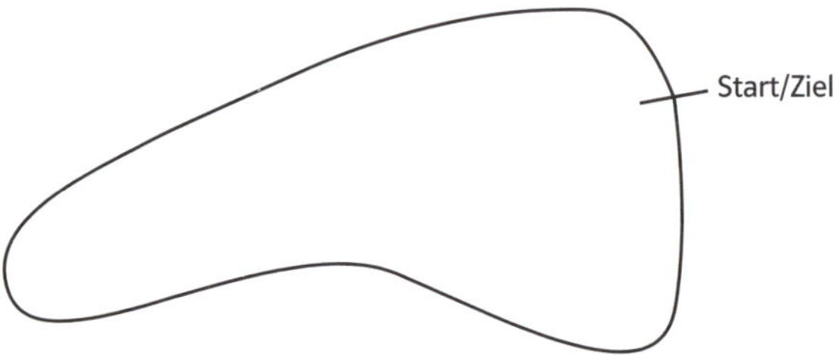

5 Etwa fünf Tage nach der Ansteckung beginnt die Krankheit mit einem Anstieg der Körpertemperatur auszubrechen. Das Fieber steigt kontinuierlich an, bis am 12. Tag die Höchsttemperatur mit 40,2 °C erreicht ist. Bis zum 21. Tag bleibt das Fieber fast konstant hoch, danach sinkt die Temperatur ab, bis der Körper am 26. Tag wieder fieberfrei ist.

6 a) Die durchschnittliche Temperatur beträgt im März 8 °C, im Juli 20 °C und im Dezember 4 °C.
b) Der kälteste Monat ist der Januar; der wärmste ist der August.

7 a) Die Tiefsttemperaturen hat Rom im Januar mit etwa 7 °C. Danach steigt die Temperatur an, bis sie in den Sommermonaten Juli und August mit ca. 24 °C den Höchststand erreicht. Danach sinken die Durchschnittstemperaturen fast gleichmäßig ab.
b) Die offizielle Durchschnittstemperatur ist 15,5 °C. Da du die Werte nicht genau ablesen kannst, genügt es, wenn dein errechneter Wert in etwa dem der Durchschnittstemperatur entspricht.

8 Am Verlauf der Streckenabschnitte kannst du ablesen, ob einer der Läufer schnell oder langsam läuft (steil = schnell; flach = langsam). Wenn sich die Strecken schneiden, holt ein Läufer den anderen ein.

So könnte ein Sportbericht lauten:
Tim hielt sich zunächst zurück, steigerte sein Tempo aber nach der Hälfte der Strecke und überholte Max kurz vor dem Ziel. Max konnte sein schnelles Anfangstempo nicht halten, nahm sich zurück, steigerte sein Tempo wieder, als Tim aufholte. Doch er konnte das Tempo nicht halten, brach ein und war geschlagen.

9

Schwarz:	Fahrt mit zweimaligem Rasten: S – A – B – D – C – Z
blau:	Fahrt mit einer einzigen Rast, die lang dauert: S – D – C – Z
rot:	Fahrt, die erst schnell, dann langsam und dann wieder schnell geht: S – A – C – Z
grün:	Fahrt, die erst langsam, dann schnell und dann wieder langsam geht: S – B – D – Z
gelb:	Fahrt mit gleichmäßiger Geschwindigkeit: S – Z; B liegt auf der Strecke

10

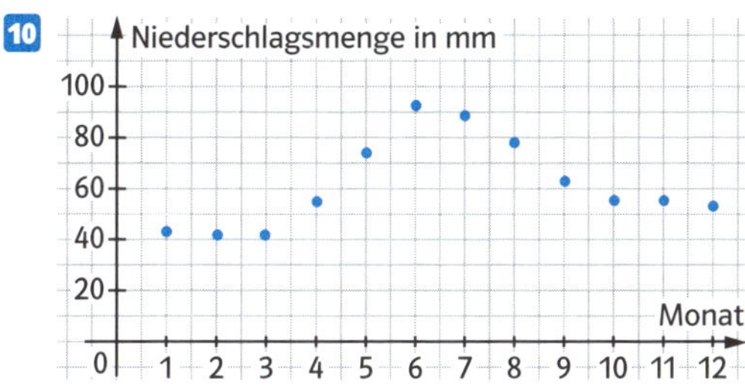

11 a) Schaubild:

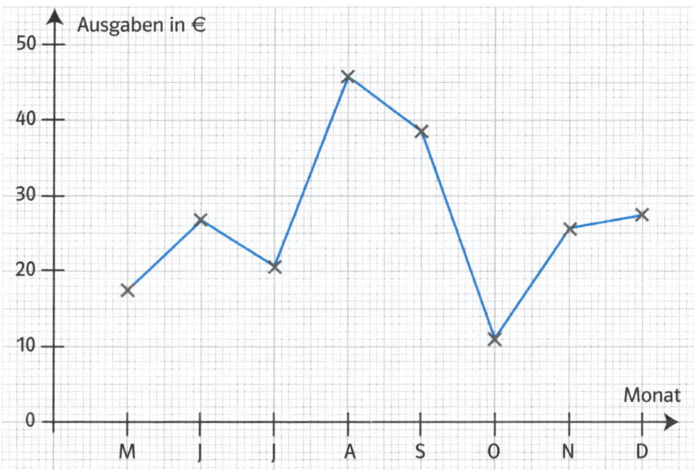

b) Clara hat im August am meisten ausgegeben, vielleicht wegen Ferien.
c) Am wenigsten hat sie im Oktober ausgegeben.
d) Ihre Eltern haben wohl im August oder September wieder mit ihr gezankt. Deshalb sind im Oktober die Ausgaben auffallend gering.

12 a)

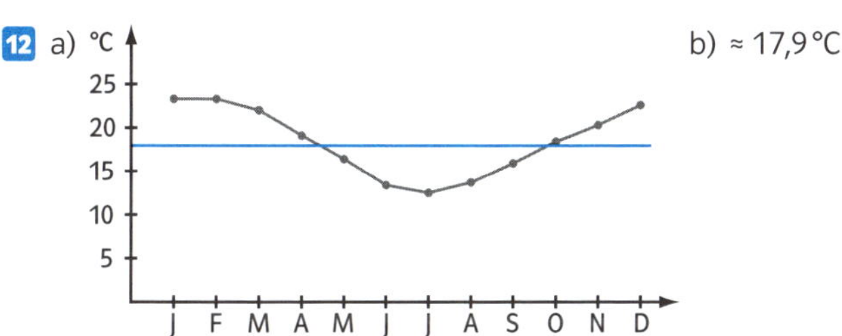

b) ≈ 17,9 °C

13 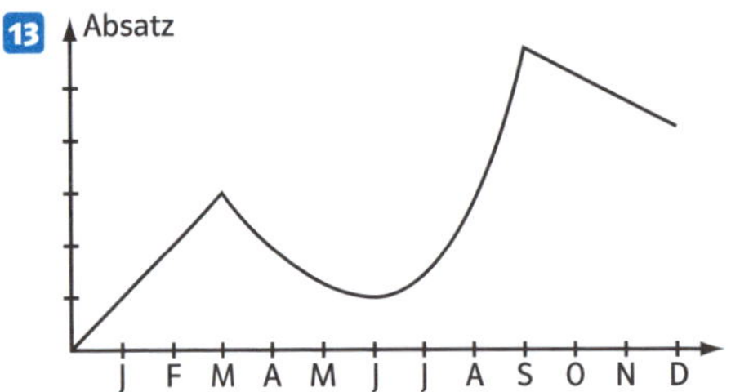

14 Proportionale Zuordnungen sind:
Nachhilfestunden → Preis
Goldfische → Wassermenge (wenn man unterstellt, dass pro Goldfisch eine bestimmte Menge Wasser notwendig ist)
Äpfel → Schüler (wenn jeder Schüler die gleiche Anzahl vertilgt)

15 b) und c) sind proportionale Zuordnungen.

16 Bei jeder Aufgabe erhältst du den gleichen Quotienten, nämlich 0,375.

17 a)

0,7 l-Flaschen Saft	1	2	3	4	5	6	7
Preis in €	1,20	2,40	3,60	4,80	6,00	7,20	8,40

b)

Becher Joghurt	1	2	3	4	5	6
Preis in €	0,35	0,70	1,05	1,40	1,75	2,10

c)

Beutel Äpfel	1	2	3	4	5	10
Preis in €	2,30	4,60	6,90	9,20	11,50	23,00

d)

Stück Butter	1	2	3	4	5	8
Preis in €	1,10	2,20	3,30	4,40	5,50	8,80

18 a)

Schulheft	1	4	10	6	8	5	12
Preis in €	1,10	4,40	11,00	6,60	8,80	5,50	13,20

Rechenbeispiel: $1 \cdot 4 = 4$ und $1{,}10 \cdot 4 = 4{,}40$

b)

Kugelschreiber	1	3	4	7	8	9
Preis in €	4,50	13,50	18,00	31,50	36,00	40,50

Rechenbeispiele: $3 + 4 = 7$ und $13{,}50 + 18{,}00 = 31{,}50$
$3 \cdot 3 = 9$ und $13{,}50 \cdot 3 = 40{,}50$

c)

Buntstift	2	4	8	6	12	16
Preis in €	3,60	7,20	14,40	10,80	21,60	28,80

Rechenbeispiele: $2 \cdot 2 = 4$ und $3{,}60 \cdot 2 = 7{,}20$
$2 \cdot 3 = 6$ und $3{,}60 \cdot 3 = 10{,}80$

19

Stockwerke	3	1	2	5
Höhe des Hauses (ohne Dach) in m	8,40	2,80	3,60	14,00

Anzahl der Stufen	15	30	5	20
Treppenhöhe in m	2,70	5,40	0,90	3,60

Anzahl der Stufen	15	30	75
Treppenhöhe in m	3,00	6,00	15,00

Wohnfläche in m^2	60	80	100	120
Miete in €	480	640	800	960

Wohnfläche in m^2	50	75	100
Miete in €	350	525	700

20 a)

Fahrzeit in min	20	80	60	10	30	90	45	1
Fahrstrecke in km	5	20	15	2,5	7,5	22,5	11,25	0,25
$\frac{\text{Fahrstrecke in km}}{\text{Fahrzeit in min}}$	$\frac{1}{4}$	$\frac{1}{4}$	$\frac{1}{4}$	$\frac{1}{4}$	$\frac{1}{4}$	$\frac{1}{4}$	$\frac{1}{4}$	$\frac{1}{4}$

Es fällt auf, dass alle Quotienten den Wert $\frac{1}{4}$ (= 0,25) haben.

b)

Fahrzeit in min	14	25	35
Fahrstrecke in km	$3\frac{1}{2}$	$6\frac{1}{4}$	$8\frac{3}{4}$

21

Gewicht in kg	1	$\frac{1}{2}$	$1\frac{1}{2}$	$\frac{3}{4}$	2	$2\frac{1}{4}$	$1\frac{3}{4}$
Preis in €	1,80	0,90	2,70	1,35	3,60	4,05	3,15

22

Größe in cm^3	10	15	20	25
Gewicht	$10 \cdot 7{,}8 = 78$ g	$15 \cdot 7{,}8 = 117$ g	156 g	195 g

23 Tabelle:

Tierpostkarten	2	4	6	8	10
Bonbons	3	6	9	12	15

Schaubild:

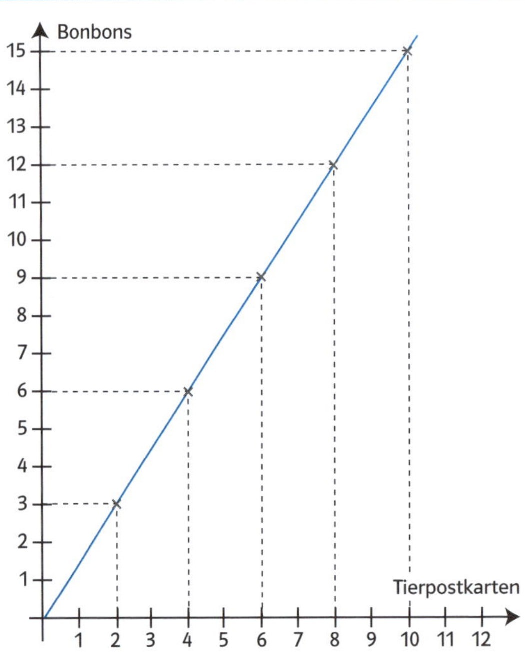

24 a) Tabelle:

Bücher	1	10	20	30	40	50	60
Verpackung	0,6 m^2	6 m^2	12 m^2	18 m^2	24 m^2	30 m^2	36 m^2

Schaubild:

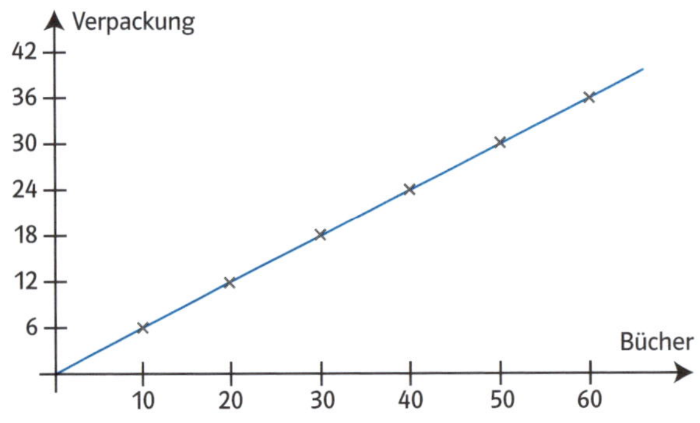

b)

Bücher	12	26	35	56
Verbrauch an Packpapier	7,2 m^2	15,6 m^2	21 m^2	33,6 m^2

c) Wenn man für 1 Buch 0,6 m^2 Verpackungspapier braucht, dann braucht man für 117 Bücher 117-mal so viel, also 70,2 m^2.

25 Tabelle:

Monate	1	2	3	4	5	6
Taschengeld	15	30	45	60	75	90

Schaubild:

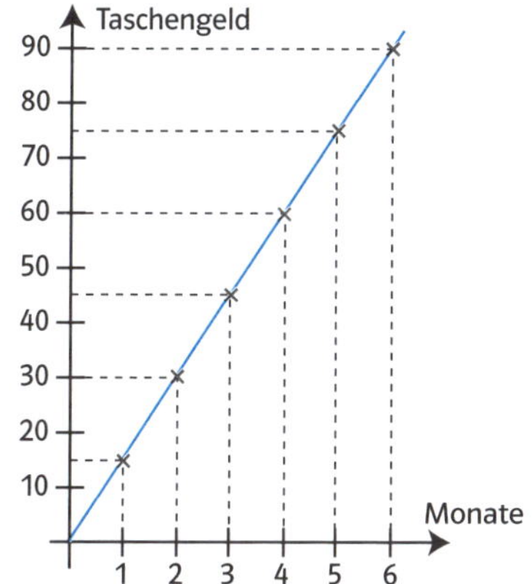

26

Fahrzeit in min	5	20	25	40
Fahrstrecke in km	10	40	50	80

27

Fahrzeit in min	30	45	60
Fahrstrecke in km	20	30	40

Für eine Fahrstrecke von 50 km werden 75 min benötigt.

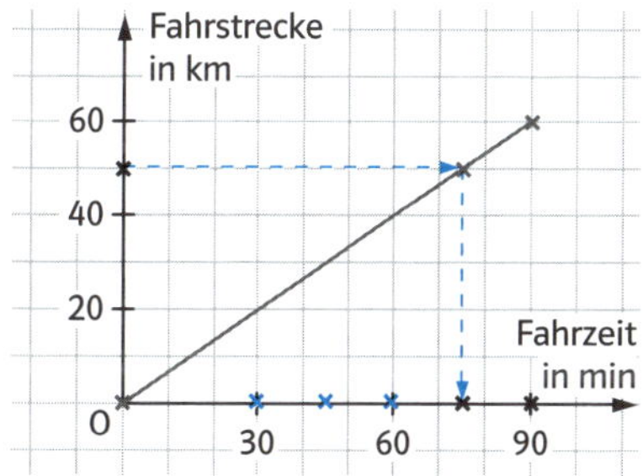

28 a)

Euro	2	3	4	5
CAD (Kanadische Dollar)	3,20	4,80	6,40	8,00

b)

CAD (Kanadische Dollar)	3	5	7
Euro (gerundet)	1,90	3,10	4,40

29

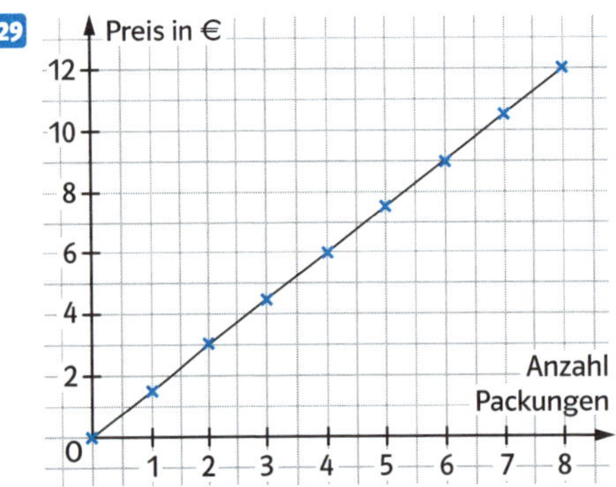

Anzahl Packungen	1	2	3	4	5	6	7	8
Preis in €	1,50	3,00	4,50	6,00	7,50	9,00	10,50	12,00

30

Gewicht in g	50	100	150	200	250	300	350	400	450	500
Preis in €	0,68	1,36	2,04	2,72	3,40	4,08	4,76	5,44	6,12	6,80

Tipp:
125 g kosten 1,70 €; 275 g kosten 3,74 €; 325 g kosten 4,42 €.
Preise für die beiden benachbarten Gewichte addieren, Summe halbieren!

31 1 Brötchen kostet 1,60 €.
3 Brötchen kosten 4,80 €.
5 Brötchen kosten 8,00 €.
11,20 € kosten 7 Brötchen.
14,40 € kosten 9 Brötchen.

32 Anschläge pro Seite: $36 \cdot 60 = 2160$
120 Anschläge in 1 Minute
2160 Anschläge in $2160 : 120 = 18$ Minuten

Seiten	1	2	3	4	5
Zeit	18	$18 \cdot 2 = 36$	54	72	90

33 Das Zahlenpaar, von dem man ausgeht, ist: 8 Ponys und 2,8 kg
Die berichtigte Tabelle muss so aussehen:

Anzahl der Ponys	3	8	10	**15**	24	28
kg Zusatzfutter pro Tag	**1,050**	2,8	3,5	5,25	**8,4**	**9,8**

Zwischenrechnung: 1 Pony braucht 0,350 $\frac{\text{kg}}{\text{Tag}}$.

34 a) Für 1 Euro erhält man 125 Yen.
Für 25 Euro: 125 · 25 = 3125 Yen.
b) Für 0,8 brit. Pfund erhält man 1 Euro.
Für 480 brit. Pfund: 480 : 0,8 = 600 Euro.
c) Für 9 schwed. Kronen erhält man 1 Euro.
Für 54 schwed. Kronen: 1 : 9 · 54 = 54 : 9 = 6 Euro.
Für 1 Euro: 125 Yen.
Für 6 Euro (= 54 schwed. Kronen) erhält man 6 · 125 = 750 Yen.
d) Für 9 schwed. Kronen gibt es 1 Euro.
Für 153 schwed. Kronen: 153 : 9 = 17 Euro.
Für 8,1 chin. Renmimbis gibt es 1 Euro.
Für 324 chin. Renmimbis: 324 : 8,1 = 40 Euro.
Insgesamt 17 + 40 = 87 Euro.

35 **Hinweis**: Falsch ist der jeweils blau markierte Wert.

a)

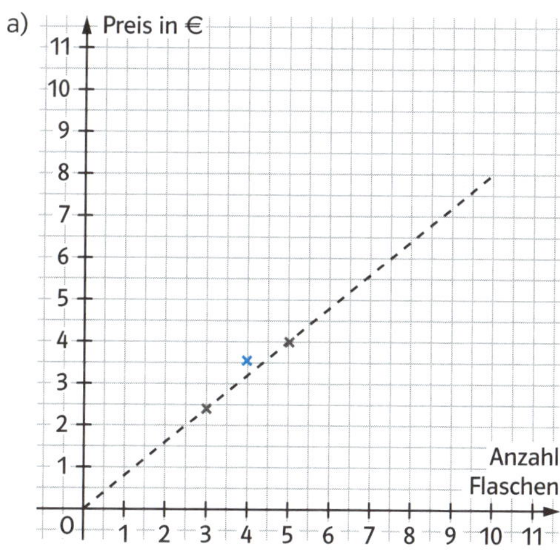

Rechnerische Lösung mithilfe des Proportionalitätsfaktors, also dem Quotienten y-Wert zu x-Wert, bzw. dem Verhältnis Eingabegröße/Ausgabegröße.

Drei Quotienten sind 0,80 €; der Quotient zum x-Wert (Eingabewert) 4 ist aber 0,90 €.

b)

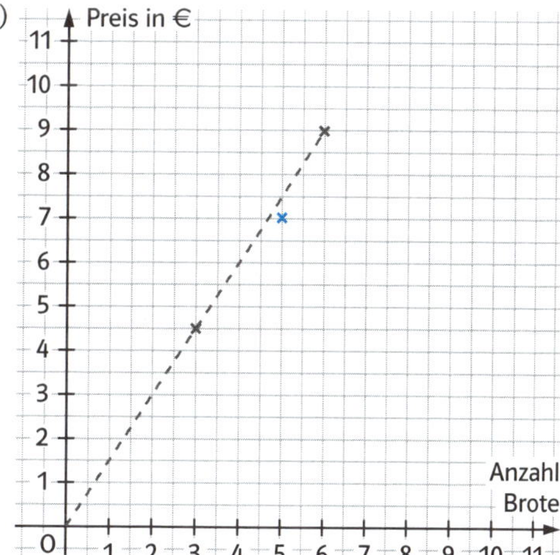

Zwei Quotienten sind 1,50 €; der Quotient zum x-Wert (Eingabewert) 5 ist aber 1,40 €.

c)

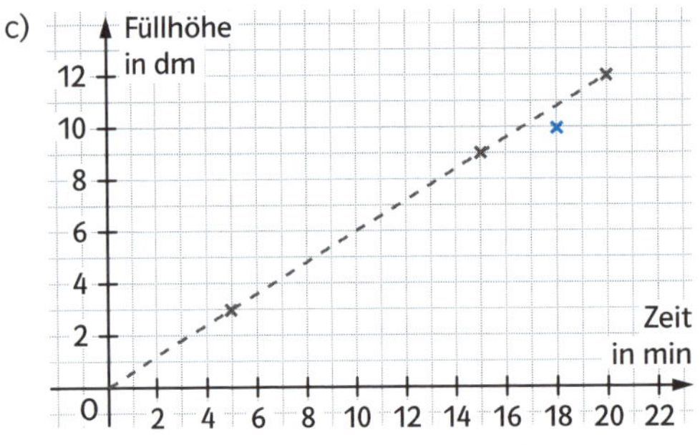

Drei Quotienten haben den Wert $\frac{3}{5} = 0{,}6$;
der Quotient zum y-Wert (Ausgabewert) 10
hat aber den Wert $\frac{10}{18} = \frac{5}{9} = 0{,}\overline{5}$.

d)

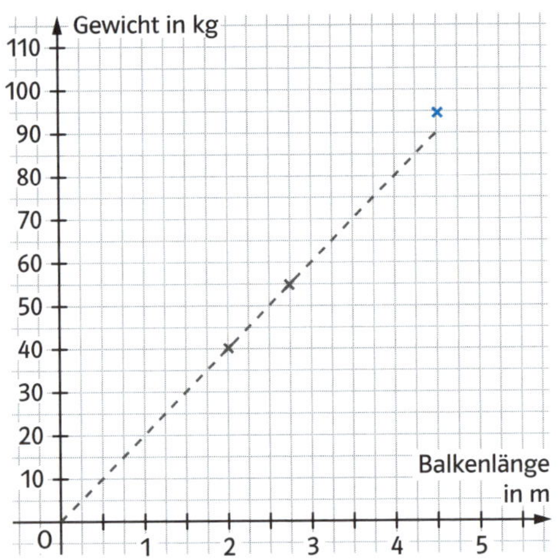

Zwei Quotienten haben den Wert 20, der für das dritte Wertepaar beträgt etwa 21,1.

2 Dreisatz

1 a) und c) können mithilfe des „Je-mehr-desto-mehr-Dreisatz“ gelöst werden.

2 Nur bei Aufgabe b) darfst du den Dreisatz anwenden.

3 a) 1. Bekanntes Verhältnis zwischen den beiden Größen ermitteln:
10 Platten reichen für **4** m Weglänge.
2. Zurückrechnen auf eine Einheit:
1 Platte reicht für 4 m : **10** = 0,4 m Weglänge.
3. Hochrechnen auf die gesuchte Größe:
15 Platten reichen für 15 · **0,4** m = 6 m Weglänge.

b) 1. Bekanntes Verhältnis zwischen den beiden Größen ermitteln:
Für 4 m Weglänge braucht man **10** Platten.
2. Zurückrechnen auf eine Einheit:
Für 1 m Weg werden 10 : **4** = 2,5 Platten benötigt.
3. Hochrechnen auf die gesuchte Größe:
Für 18 m Weg braucht man 18 · **2,5** = 45 Platten.

4 a) 5 Becher kosten 1,75 €. 1 Becher kostet 0,35 €. 8 Becher kosten dann 2,80 €.
b) 4 Kiwis kosten 1,80 €. 1 Kiwi kostet 0,45 €. 10 Kiwis kosten dann 4,50 €.

5 a)

	Gefahrene km	Verbrauch in l	
	100	4,4	
: 100	1	0,044	: 100
· 320	320	14,08	· 320

Frau Liebling verbraucht also 14,08 l.

b)

	Verbrauch in l	Gefahrene km	
	4,4	100	
: 4,4	1	22,73	: 4,4
· 31	31	704,63	· 31

Frau Liebling kann etwa 705 km weit fahren.

6 a) 2 Packungen enthalten 36 Tafeln.
6 Packungen enthalten 36 Tafeln · 3 = 108 Tafeln.
b) 2 Packungen enthalten 36 Tafeln.
1 Packung enthält 36 Tafeln : 2 = 18 Tafeln.
5 Packungen enthalten 18 Tafeln · 5 = 90 Tafeln.

7 Um die ursprüngliche Einheit zu berechnen, ist nur eine Division erforderlich.
a) 15,05 € : 7 = 2,15 € je Stift
b) 5,70 € : 3 = 1,90 € je Brot
c) 46,20 € : 12 = 3,85 € je Flasche
d) 32 min : 4 = 8 min für jede Aufgabe
e) Bei dieser Aufgabe ist es nicht sinnvoll auf 1 g zu rechnen, sondern auf 100 g.
3,75 € : 3 = 1,25 € für 100 g Wurst
f) 3,150 kg : 9 = 0,350 kg je Paket
g) 348 € : 24 = 14,50 € je Taschenrechner

8 9 Flaschen kosten 9,90 €.
10 Packungen wiegen 4500 g.
7 Pferde fressen 98 kg.
9 Stunden kosten 99 €.

9 a) Auf 100 km verbraucht Herr Maier durchschnittlich 53 l : 6,2 ≈ 8,5 l Benzin.
b) Mit 30 l kommt er etwa 30 l : 8,5 l · 100 km ≈ 353 km weit.

10 170 Bäume ergeben 544 Festmeter.
1 Baum ergibt 544 : 170 = 3,2 Festmeter.
22 Bäume ergeben 3,2 · 22 = 70,4 Festmeter.

11 12 Monate kosten 1260 €.
1 Monat kostet 1260 : 12 = 105 €.
7 Monate kosten 105 · 7 = 735 €.

12 Für 30 m^2 braucht man 7500 g Farbe.
Für 1 m^2 braucht man 7500 g : 30 = 250 g Farbe.
Für 21 m^2 braucht man 250 g · 21 = 5250 g Farbe.
Es bleiben nach dem Streichen noch 7500 g − 5250 g = 2250 g Farbe übrig.

13 a)

Benzin (l)	Preis (€)
1	**1,58**
2	3,16
3	**4,74**
5	7,90
10	**15,80**
40	63,20
80	**126,40**

b)

Kartoffeln (kg)	Preis (€)
1	**0,55**
1,2	0,66
1,6	0,88
2,4	**1,32**
5	**2,75**
7	3,85
12	**6,60**

Du musst für deine Berechnungen von dem Zahlenpaar ausgehen, das gegeben ist. Es ist oben blau.

14 a)

Benzin (l)	Strecke (km)
42	770
1	$\frac{770}{42} \approx 18{,}\overline{3}$
12	$\frac{770}{42} \cdot 12 \approx 219{,}\overline{9}$ ≈ 220

Die Menge reicht noch für 220 km.

b)

Höhe (m)	Schatten (m)
12	16,8
1	$\frac{16{,}8}{12}$
30	42

Der Schatten ist 42 m lang.

c)

Fläche (m^2)	Kosten (€)
910	7700
1	$\frac{7700}{910}$
390	3300

Die Fläche kostet 3300 €.

15 Auf einen Einwohner entfallen $\frac{20}{15}$ m = $1,\overline{3}$ m;
auf 82,5 Mio. Menschen sind es dann $82\,500\,000 \cdot 1,\overline{3} = 110\,000\,000$ m = 110 000 km.

16 Die Antworten sind natürlich nur sinnvolle Vermutungen, denn auch mit Mathematik kann man nicht sicher in die Zukunft blicken. Außerdem gibt es verschiedene Lösungswege.

a) Anne liest im Durchschnitt täglich $154 : 7 = 22$ Seiten. In den verbleibenden 3 Tagen wird sie 66 Seiten lesen. Da $154 + 66 = 220$ größer als 210 ist, wird ihr der Lesestoff ausgehen.

b) Lotte hat in 10 Spielen durchschnittlich je 14,5 Punkte erzielt. Sie kann also erwarten, in 16 Spielen $14{,}5 \cdot 16 = 232$ Punkte zu erreichen und damit ihren Saisonrekord zu überbieten.
Sarah hat in 8 Spielen durchschnittlich $\frac{106}{8} = \frac{53}{4} = 13\frac{1}{4}$ Punkte geworfen.
In den restlichen 6 Spielen kann sie auf $6 \cdot 13{,}25 = 79{,}5$ Punkte hoffen. Es gibt natürlich keine halben Punkte. Sie sollte also mit 79 Punkten rechnen. Damit kommt sie auf $106 + 79 = 185$ Punkte und wird die 200 Punkte wahrscheinlich nicht erreichen.

17 $\frac{3}{10} \mathrel{\widehat{=}} 45\,\text{m}^2$

$\frac{1}{10} \mathrel{\widehat{=}} 15\,\text{m}^2$

$\frac{10}{10} \mathrel{\widehat{=}} \mathbf{150\,m^2}$ Beachte die Frage! Auf dem See sind noch $150\,\text{m}^2 - 45\,\text{m}^2 = \mathbf{105\,m^2}$ freie Wasserfläche.

18 $1\frac{1}{2}\,\text{h} \mathrel{\widehat{=}} 4{,}50$ €
$1\,\text{h} \mathrel{\widehat{=}} 3$ € Für 27 € muss Nick noch **9 h** arbeiten.

19 $9\,\text{m}^2 \mathrel{\widehat{=}}$ 225 Fliesen
$1\,\text{m}^2 \mathrel{\widehat{=}}$ 25 Fliesen
$3\,\text{m}^2 \mathrel{\widehat{=}}$ **75 Fliesen**

20 a)
10 km ≙ 15 min
(: 2) 5 km ≙ $7\frac{1}{2}$ min (: 2)
(· 9) 45 km ≙ $67\frac{1}{2}$ min (· 9)

b)
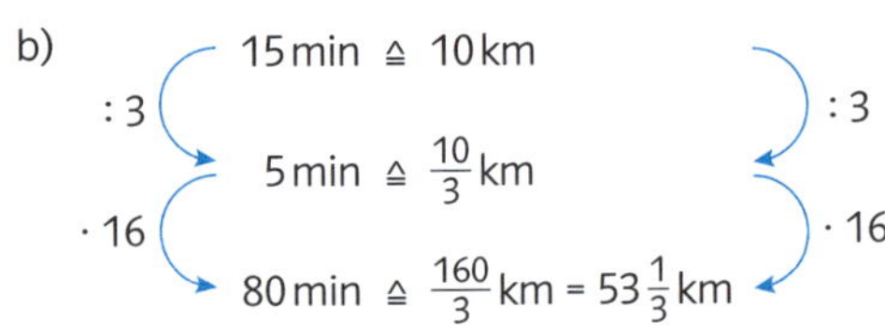

c) Die Berechnungen stimmen nur, wenn Frau Glücklich immer mit der gleichen Geschwindigkeit fährt.

21
250 g ≙ 1,29 € (: 2,5) → 100 g ≙ 0,516 €
400 g ≙ 1,98 € (: 4) → 100 g ≙ 0,495 €
750 g ≙ 3,89 € (: 7,5) → 100 g ≙ 0,519 €

Die größte Packung ist am teuersten.

22 Mit 4,5 Litern fährt das Auto 49,5 km.
Mit 1 Liter fährt es 49,5 : 4,5 = 11 km.
a) Mit 6 Litern fährt es 6 · 11 = 66 km.
b) Mit 15 Litern fährt es 15 · 11 = 165 km.
c) Mit $8\frac{1}{2}$ Litern fährt es 11 · 8,5 = 93,5 km.

23 In 4 Stunden verbraucht er 7,2 Kilowattstunden.
In 1 Stunde verbraucht er 7,2 : 4 = 1,8 Kilowattstunden.
a) In $5\frac{1}{2}$ Stunden verbraucht er 1,8 · 5,5 = 9,9 Kilowattstunden.
b) In $\frac{1}{4}$ Stunde verbraucht er 1,8 : 4 = 0,45 Kilowattstunden.
c) In $7\frac{3}{4}$ Stunden verbraucht er $1{,}8 \cdot \frac{31}{4}$ = 13,95 Kilowattstunden. $\left(7\frac{3}{4} = \frac{31}{4}\right)$

24 430 cm bei 1 Umdrehung
1 cm bei 1 : 430 Umdrehungen
12 000 cm bei 1 : 430 · 12 000 = 12 000 : 430 ≈ 28 Umdrehungen *(120 m = 12 000 cm)*
Antwort: Mit etwa 28 Umdrehungen kommt er 120 Meter weit.

25 a) In 4 Tagen schaffen sie 1580 m.
In 1 Tag schaffen sie 1580 : 4 = 395 m.
In 14 Tagen schaffen sie 395 · 14 = 5530 m.
b) 395 m schafft sie in einem Tag.
1 m schafft sie in 1 : 395 Tagen.
10 000 m schafft sie in 1 : 39 · 10 000 = 10 000 : 395 = 25,316456 Tagen.
Antwort: In etwa 25 Tagen schaffen sie 10 km Asphaltfahrbahn.

26 a)

Zeit	1 h	$\frac{3}{4}$ h	$2\frac{1}{4}$ h $\left(=\frac{9}{4}\right)$	$3\frac{1}{2}$ h $\left(=\frac{7}{2}\right)$
km	900 km	$900 \cdot \frac{3}{4}$ = 675 km	$900 \cdot \frac{9}{4}$ = 2025 km	$900 \cdot \frac{7}{2}$ = 3150 km

b)

km	900 km	660 km	1320 km	2790 km
Zeit	1 h = 60 min			

660 km	1320 km	2790 km
900 km in 1 h = 60 min	900 km in 1 h = 60 min	900 km in 1 h = 60 min
1 km in $\frac{60}{900}$ min	1 km in $\frac{60}{900}$ min	1 km in $\frac{60}{900}$ min
660 km in $\frac{60 \cdot 660}{900}$ min	1320 km in $\frac{60 \cdot 1320}{900}$ min	2790 km in $\frac{60 \cdot 2790}{900}$ min
$= \frac{20 \cdot 220}{100}$ = 44 min	$= \frac{20 \cdot 440}{100}$ = 88 min	$= \frac{20 \cdot 930}{100}$ = 186 min

27 Nur die Aufgaben a) und c) können mit dem „Je-mehr-desto-weniger-Dreisatz" gelöst werden.

28

Pferde	Tage
5	12
1	60
8	**7,5**

:5 ; ·8   ·5 ; :8

29

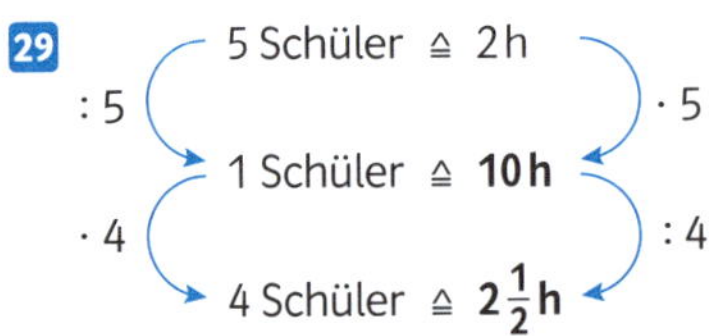

30 20 Grundstücke mit je $320\,m^2 = 6400\,m^2$
Es werden $6400\,m^2 : 256\,m^2 = 25$ Grundstücke ausgeschrieben.

31 Länge des Stabes: $15 \cdot 16\,cm = 240\,cm$
Hälfte in 8cm-Stücke: 120 : 8 = **15 Stäbe**
Hälfte in 12cm-Stücke: 120 : 12 = **10 Stäbe**
Insgesamt sind es dann **25 Stäbe**.

32 Der Fassinhalt berechnet sich aus $\frac{3}{4}\,l \cdot 200 = 150\,l$.
Also braucht man **150 Flaschen** zu je 1 Liter.

33

Anzahl der Schüler	3	4	5	6	8
Größe des einzelnen Beets (m^2)	4	3	2,4	2	1,5

Jede Multiplikation aus Anzahl der Schüler und Größe des Beets muss $12\,m^2$ ergeben.

34 15 Schüler erhalten je 500g.
Insgesamt sind es also 7500g Ton.
Auf 12 Schüler verteilt kommen auf jeden 7500 : 12 = **625g Ton**.

35 3 Kamine können 5 Monate geheizt werden.
1 Kamin kann $3 \cdot 5 = 15$ Monate geheizt werden.
4 Kamine können $15 : 4 = 3\frac{3}{4}$ Monate geheizt werden.

36 2 Lkw müssen 6-mal fahren.
1 Lkw muss 12-mal fahren.
3 Lkw müssen 4-mal fahren.

37 Für 8 Personen reicht es 10 Tage.
Für 1 Person würde es 80 Tage reichen.
Für 10 Personen reicht es 8 Tage.

38 a)

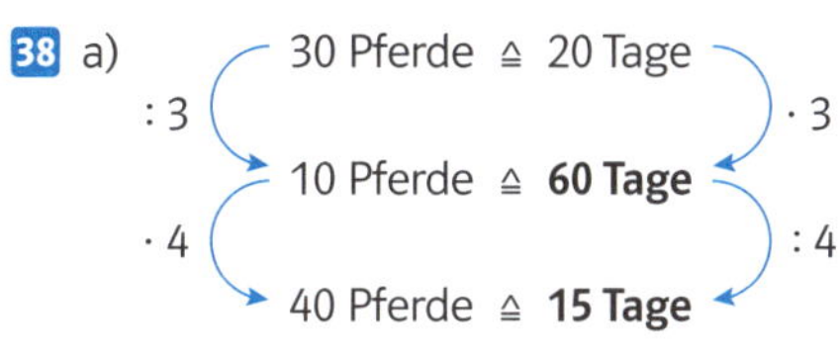

b)

39 a)

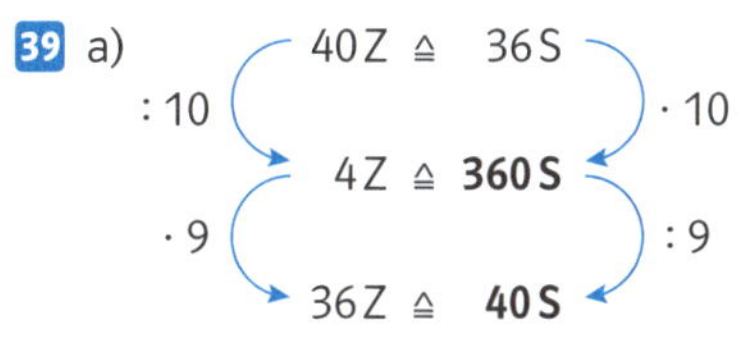

b)

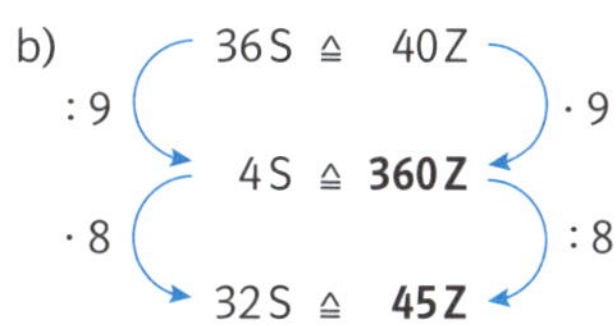

40 a)

b) $7\frac{1}{2}$ Tage

c) 37,5 km

41 a)

4 Bagger ≙ $7\frac{1}{2}$ Tage
(: 4 | · 4)
1 Bagger ≙ **30 Tage**
(· 3 | : 3)
3 Bagger ≙ **10 Tage**

b)

$7\frac{1}{2}$ Tage ≙ 4 Bagger
(: $7\frac{1}{2}$ | · $7\frac{1}{2}$)
1 Tag ≙ **30 Bagger**
(· 5 | : 5)
5 Tage ≙ **6 Bagger**

3 Vermischte Aufgaben

1 a) 30 Schrauben wiegen 75 g.
1 Schraube wiegt 75 g : 30 = 2,5 g.
6 Schrauben wiegen 6 · 2,5 g = 15 g.
b) 1 Schraube wiegt 2,5 g.
50 Schrauben wiegen 50 · 2,5 g = 125 g.
c) 1 Schraube wiegt 2,5 g.
300 g : 2,5 g = 120; also wiegen 120 Schrauben 300g.
d) 400 g : 2,5 g = 160; also wiegen 160 Schrauben 400 g.

2 a) + b)

	Strecke (km)	Zeit (Tage)	
	40	12	
· 2	80	**6**	: 2
: 4	20	24	· 4
· 3	60	**8**	: 3

a) Er braucht also 6 Tage, wenn er 80 km pro Tag fährt.
b) Wenn er täglich 60 km fährt, wäre er 8 Tage unterwegs.

c) + d)

	Zeit (Tage)	Strecke (km)	
	12	40	
: 3	4	**120**	· 3
: 4	1	480	· 4
· 10	10	**48**	: 10

c) Wenn er nur 4 Tage fährt, müsste er jeden Tag 120 km fahren.
d) Wenn er 10 Tage fährt, wäre eine Tagesetappe 48 km lang.

3 a) Zum richtigen Ergebnis führen die Rechnungen A und C.

A

	Strecke (km)	Verbrauch (l)	
	250	15	
: 250	1	$\frac{150}{250} = \frac{3}{50}$	: 250
· 400	400	$\frac{3}{50} \cdot 400 = 24$	· 400

c

	Strecke (km)	Verbrauch (l)	
	250	15	
: 5	50	3	: 5
· 8	400	24	· 8

b) Für 400 km braucht sie 24 Liter Benzin.

4

	Geld (€)	Zeit (Tag)	
	3	15	
: 3	1	45	· 3
· 5	5	**9**	: 5

Das Geld reicht 9 Tage.

5 a)

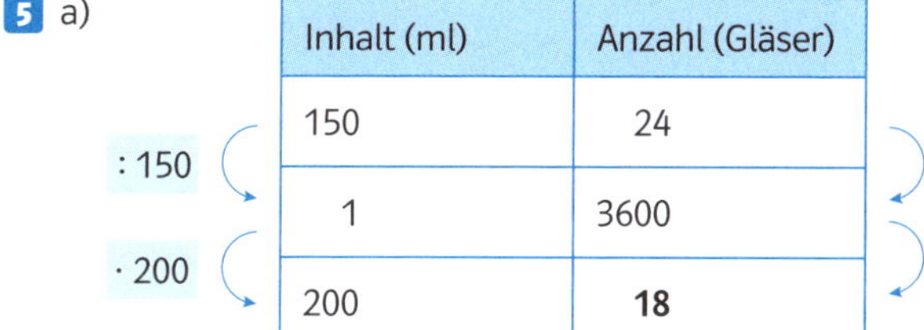

	Inhalt (ml)	Anzahl (Gläser)	
	150	24	
: 150	1	3600	· 150
· 200	200	**18**	: 200

Sie können 18 Gläser füllen.

b)

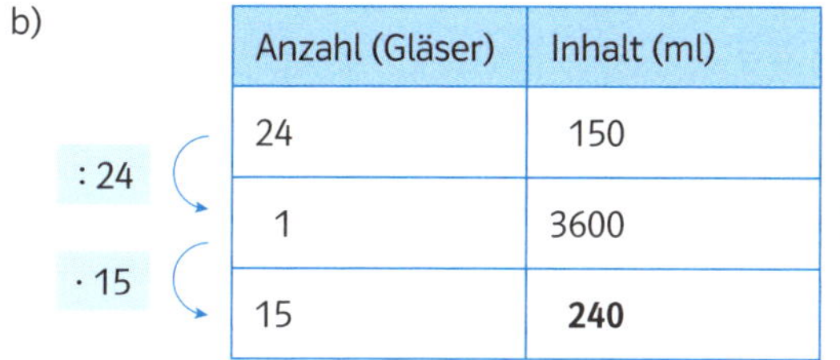

	Anzahl (Gläser)	Inhalt (ml)	
	24	150	
: 24	1	3600	· 24
· 15	15	**240**	: 15

Es müssten 240 ml in ein Glas passen.

6 a)

1. Größe	1	2	3	6	**10**
2. Größe	2	4	6	**12**	20

b)

1. Größe	1	2	3	5	**10**
2. Größe	60	30	20	**12**	6

c)

1. Größe	1	2	3	5	**8**
2. Größe	5	8	11	**17**	26

d)

1. Größe	1	2	3	8	**4,5**
2. Größe	1,2	2,4	3,6	**9,6**	5,4

Mit einem Dreisatz berechnen kann man die Tabellen a), b) und d).

7

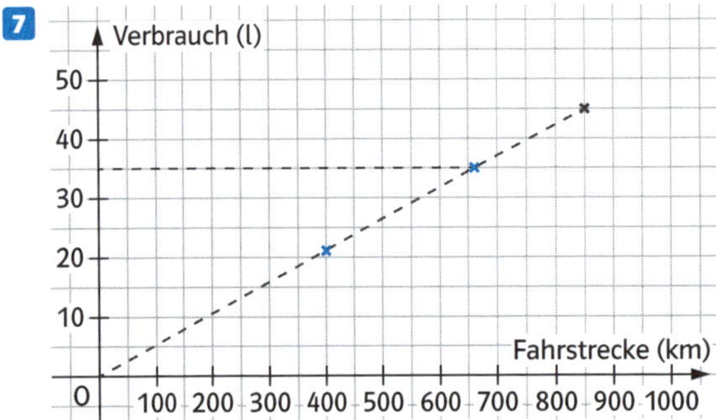

Für 400 km braucht das Auto etwa 21 l. Mit 35 l kommt das Auto etwa 660 km weit.

8 3 Packungen kosten 3,90 €. 9 Packungen kosten 3,90 € · 3 = 11,70 €.

9 Nach 21 h sind 87,5 m^3 eingelaufen. Das Füllen dauert 30 h.

10

: 7	35 l ≙ 43,75 €	: 7
· 10	5 l ≙ 6,25 €	· 10
	50 l ≙ 62,50 €	

50 l kosten also 62,50 €.

11 a)

: 4	4 Tiere ≙ 15 Tage	· 4
· 20	1 Tier ≙ 60 Tage	: 20
	20 Tiere ≙ 3 Tage	

3 Tage werden 20 Tiere an 1 Packung satt.

b)

· 15	1 Tier ≙ 60 Tage	: 15
	15 Tiere ≙ 4 Tage	

Jetzt reicht die Packung für 4 Tage.

12 a)

Stückzahl	Preis
14	42 €
1	**42 € : 14 = 3 €**
9	**3 € · 9 = 27 €**

14 Stück Kuchen kosten 42 €. Wie viel kosten 9 Stück Kuchen?

b)

Strecke	Verbrauch
90 km	6 l
90 km : 2 = 45 km	**3 l**
45 km · 9 = 405 km	27 l

Auf 90 km verbraucht ein Auto 6 l Benzin. Wie weit kommt das Auto mit 27 l Benzin?

c)

%	Anzahl
20	80
10	**80 : 2 = 40**
50	**40 · 5 = 200**

20 % sind 80. Wie viel sind 50 %?

d)

Strecke	Zeit
60 m	8 s
60 m : 2 = 30 m	**4 s**
30 m · 11 = 330 m	44 s

Luis rennt 60 m in 8 s. Wie viele m läuft er in 44 s, wenn er seine Geschwindigkeit nicht ändert?

13 Verbrauch pro Kuh pro Tag in kg: $\frac{169 \cdot 24\,\text{kg}}{18 \cdot 68}$

Verbrauch von 102 Kühen an 13 Tagen: $\frac{169 \cdot 24\,\text{kg}}{18 \cdot 68} \cdot 102 \cdot 13$

Anzahl an Ballen zu 26 kg bei 102 Kühen an 13 Tagen: $\frac{169 \cdot 24\,\text{kg} \cdot 102 \cdot 13}{18 \cdot 68 \cdot 26\,\text{kg}} = 169$

102 Kühe fressen in 13 Tagen 169 Ballen zu je 26 kg.

14 a)

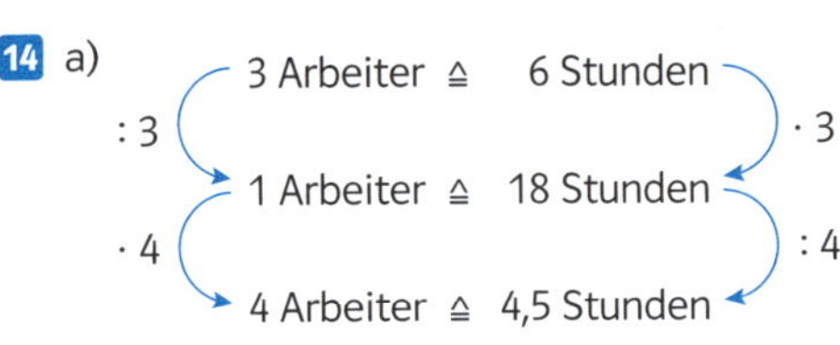

4 Arbeiter benötigen 4,5 Stunden.

b)

· 9

1 Arbeiter ≙ 18 Stunden

9 Arbeiter ≙ 2 Stunden

: 9

Es müssten 9 Arbeiter eingesetzt werden.

c) Nach 2 Stunden gilt: 3 Arbeiter würden noch 4 Stunden brauchen. 6 Arbeiter brauchen dann nur noch 2 Stunden.

15 a)

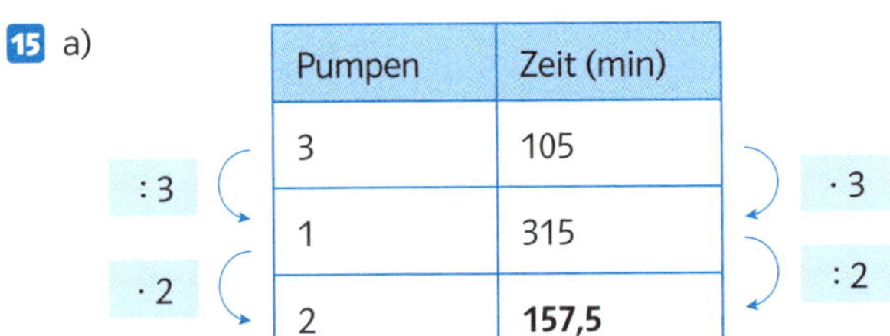

Pumpen	Zeit (min)
3	105
1	315
2	**157,5**

Mit zwei Pumpen benötigt man 2 Stunden und 37,5 Minuten.

b)

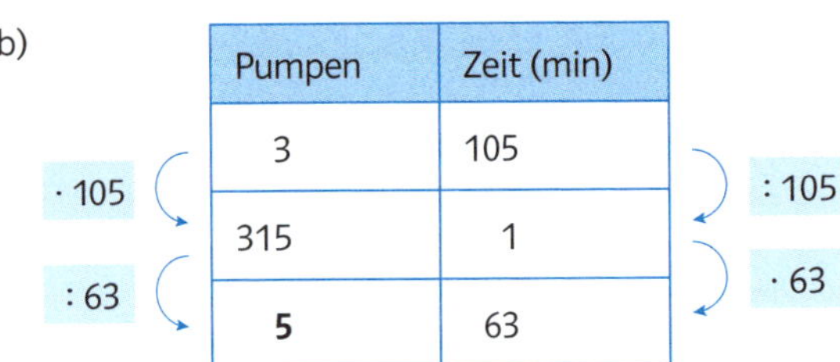

Pumpen	Zeit (min)
3	105
315	1
5	63

Wenn nur 63 Minuten zur Verfügung stehen, muss die Feuerwehr 5 Pumpen einsetzen.

16 a)

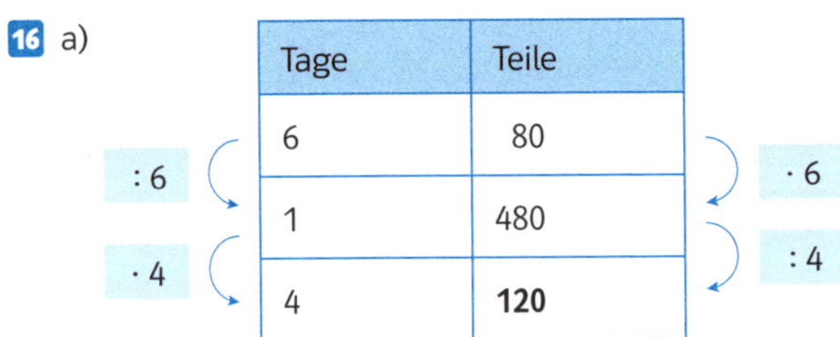

Tage	Teile
6	80
1	480
4	**120**

Es müssen also 120 Teile produziert werden.

b)

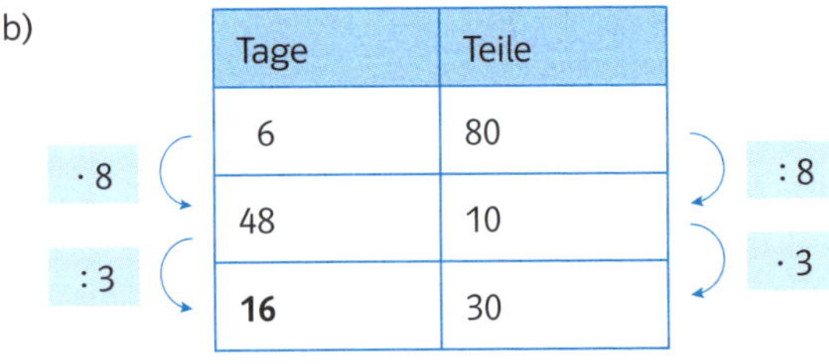

Tage	Teile
6	80
48	10
16	30

Wenn nur 30 Teile pro Tag gefertigt werden können, benötigt man 16 Tage.